同济大学力学实验丛书

材料力学教学实验

第3版

同济大学航空航天与力学学院
力学实验中心　编

内容提要

本书是在同济大学原材料力学教研室于1994年编写的《材料力学教学实验》的基础上经几次修改而成。全书共分四个部分：绪论、基本实验（10个实验）、附录、实验报告。

本书可作为高等工科学校土建、机械、水利、航空、造船、动力、采矿和电机等专业材料力学的实验课教材。

图书在版编目(CIP)数据

材料力学教学实验/同济大学航空航天与力学学院力学实验中心编. --3版. --上海：同济大学出版社，2012.7（2021.9重印）

ISBN 978-7-5608-4898-3

Ⅰ.①材… Ⅱ.①同… Ⅲ.①材料力学—实验
Ⅳ.①TB301-33

中国版本图书馆CIP数据核字(2012)第129706号

同济大学力学实验丛书
材料力学教学实验　第3版
同济大学航空航天与力学学院力学实验中心 编
责任编辑　解明芳　　责任校对　徐春莲　　封面设计　潘向蓁

出版发行　同济大学出版社　　www.tongjipress.com.cn
（地址：上海市四平路1239号　邮编：200092　电话：021-65985622）
经　　销　全国各地新华书店
印　　刷　江苏句容排印厂
开　　本　787mm×1092mm　1/16
印　　张　6.25
印　　数　20701—22800
字　　数　156000
版　　次　2012年7月第3版　　2021年9月第8次印刷
书　　号　ISBN 978-7-5608-4898-3

定　　价　16.00元

第 3 版前言

本教材是在同济大学力学实验中心 2008 年出版的《材料力学教学实验》一书的基础上修改而成。由于试验标准的改变，相应的试验方法也作了修改。书中内容修改较多的地方有第 1 章绪论，2.2 节应变电测原理简介和 2.8 节冲击实验，更新了“附录 B 主要引用的国家标准”、增加了“附录 D 新旧标准力学性能符号、名称对照表”和“附录 F YJR-5A 型静态电阻应变仪简介”，调整了附录的编排顺序。

书中所列的实验内容是同济大学多学时专业材料力学课程中所开设的实验内容。书中介绍的试验机器、量测仪器也是以同济大学力学实验中心目前所拥有的设备为基础。因此，本书汇集了同济大学材料力学实验课教学的经验和特点，反映了同济大学当前材料力学教学实验的现状。对于学时较少的专业采用本教材时，只要从中选择相关内容即可。

书中所述的名词、术语和测试方法，原则上以国家标准为依据，鉴于国内材料力学教科书与现行国家标准存在较大的差异，名词、术语部分以注解形式说明；测试方法部分在附录中列出详细说明。同时，增加了“附录 D 新旧标准力学性能符号、名称对照表”，以方便学生查阅。

在本书编写过程中，同济大学材料力学教研室的教师为本书提出了不少宝贵的意见，力学实验中心的教师参与了前后版本的编写工作。

本书再版编写者有：陈荣康（第 1 章绪论，第 2 章基本实验的第 2.2、2.5、2.6、2.7、2.9 节及对应的实验报告和附录 B,D,E,F），鲁书浓（第 2 章基本实验的第 2.1、2.3、2.4、2.8、2.10 节及对应的实验报告和附录 A,C），全书由陈荣康审稿。

由于编者水平有限，书中如有错误之处，请广大读者批评指正。

编　者

2012 年 4 月

第 2 版前言

本教材是在 2005 年编写的《材料力学教学实验》一书的基础上修改而成。书中主要将第十节“叠合梁的纯弯曲实验”进行了修改，考虑今后可能会用到新型的静态电阻应变仪，所以增加了附录 D“DH3818-2 型静态电阻应变仪简介”部分的内容。另外，对原书中一些不规范的符号也作了相应的修改。

书中包括的实验内容均是同济大学全校各高学时专业材料力学课程中所开的实验课内容。书中介绍的试验机器、量测仪表也是以同济大学材料力学试验室目前所拥有的设备为基础。因此，本书汇集了同济大学材料力学实验课教学的经验和特点，反映了当前同济大学材料力学实验教学的现状。对于学时较少的专业，采用本教材时，只要从中选择相关的实验即可。

书中所述的名词、术语和测试方法，原则上以国家标准为依据。鉴于国内材料力学教科书与国标存在较大的差异，为此，其中名词、术语部分以注解说明；测试方法部分在附录中列出详细说明。

在本书编写过程中，同济大学材料力学研究组的全体教师为本书提出了不少宝贵的意见，力学实验中心的教师参与了前后版本的编写工作。

本书改版编写者有：鲁书浓（第 1 章绪论，第 2 章基本实验 1，2，3，4，8，9 节及对应的附录与实验报告），陈和（第 2 章基本实验 5，6，7 节及对应的附录与实验报告），韦林（第 2 章基本实验 10 节及对应的附录与实验报告），全书由韦林、陈荣康审稿。

由于编者水平有限，书中难免有欠缺和错误之处，请广大读者批评指正。

编　者

2007 年

前　言

本书是在同济大学原材料力学教研室于 1994 年编写的《材料力学教学实验》一书的基础上经几次修改、更新而成。书中修改最多的地方是将先进的电子试验机取代原机械试验机，个别演示性的试验转变为综合设计性的试验。

书中包括的实验内容是同济大学全校各多学时专业材料力学课程中所开的实验内容。书中介绍的试验机器、量测仪表也是以同济大学材料力学试验室目前所拥有的设备为基础。因此，本书汇集了同济大学材料力学课程实验教学的经验和特点，反映了同济大学当前材料力学实验教学的现状。对于学时较少的专业采用本书时，只要从中选择相关实验即可。

书中所述的名词、术语和测试方法，原则上以国家标准为依据。鉴于国内材料力学教科书与国标存在有较大的差异，为此，其中名词、术语部分以注解说明；测试方法部分在附录中列出详细说明。

在本书编写过程中航空航天与力学学院基础力学教学研究部的全体教师为本书提出了不少宝贵的意见，力学实验中心的教师参与了前后版本的编写工作。

本书改版编写者有：鲁书浓（第 1 章绪论，第 2 章基本实验 1，2，3，4，8，9 节及对应的附录与实验报告），陈和（第 2 章基本实验 5，6，7 节及对应的附录与实验报告），韦林（第 2 章基本实验 10 节及对应的附录与实验报告），全书由同济大学航空航天与力学学院力学实验中心主任韦林、陈荣康审稿。

由于编者水平有限，书中难免有欠缺和错误之处，请广大读者批评指正。

编　者

2005 年

目　　录

1 绪　　论

1. 实验在材料力学课程中的地位

材料力学实验是“材料力学”课程的重要组成部分。材料力学理论的建立离不开实验，许多新理论的建立也要靠实验来验证。例如，材料力学中的应力-应变的线性关系就是胡克在做了一系列的弹簧实验之后建立起来的。在实际工程应用中，现有的理论公式并不能解决所有问题，这是因为实际工程中构件的几何形状和载荷都十分复杂，构件中的应力单纯靠计算难以得到正确的数据，需要借助于实验应力分析的方法。材料力学在解决工程设计中的强度、刚度和稳定性问题时，首先要知道材料的力学性能和表达力学性能的材料常数，而这些数据只有靠材料力学实验才能得到。材料力学学科的发展历史就是理论和实验二者结合的典范。

2. 材料力学实验的基本内容

(1) 测定材料力学性能的实验

这方面的内容是指，对一些材料的基本力学性能进行测定。例如，通过拉伸、压缩、扭转、冲击和疲劳等实验来测定材料的弹性模量、强度、韧性和疲劳性能等力学参数。要求学生在进行这方面实验后，能通过力学参数的测定、变形及破坏现象的观察、断口的分析来研究材料的力学性质，掌握测试的基本原理和方法。同时，在进行这类测试时，必须注意严格按照国家标准和规范来进行实验。

(2) 验证理论公式的实验

这方面的实验有梁弯曲正应力、弯扭组合变形、压杆稳定实验等。通过这些实验，可以验证根据假设推导出的理论公式，巩固课堂所学的知识，了解应变测试的基本原理，掌握初步的测试技能。

(3) 应力分析实验

作为实验应力分析的初步，在梁弯曲正应力、弯扭组合变形等电测实验的基础上，本书还介绍了应变电测原理，应变片的接桥方法等实验。使学生初步了解实验应力分析的方法和手段，为今后进一步学习和工作打下基础。

3. 实验须知

为了使实验能顺利进行，达到预期的目的，应注意下列事项：

(1) 实验前，必须认真地预习相关理论知识，了解本次实验的目的、内容和步骤，了解所使用的机器和仪器的基本原理。

(2) 要按课程表指定的时间进入实验室，完成规定的实验项目，因故不能参加者应取得教师同意并安排补做。

(3) 在实验时，应自觉地遵守实验室规章制度、遵守机器和仪器的操作规程。未经教师同意不得动用与本实验无关的仪器设备。

(4) 做实验时要严肃认真，相互配合，密切注意观察实验现象，记录全部所需测试的数据。

(5) 按规定时间，携同原始记录，每人递交一份实验报告；要求字迹整齐清洁，书写规范并独立完成。

4. 实验报告的书写

实验报告是实验工作的总结，通过对实验报告的书写，可以提高实验者分析问题和解决问题的能力，因此，必须独立完成。报告要求条理清楚，总结全面，图表合适，表述明白，要有对实验现象的分析和自己的观点，并对问题进行讨论。实验报告中应当包括下列内容：

(1) 实验名称、实验日期、年级专业和姓名学号。

(2) 实验目的、原理、装置。

(3) 使用的机器和仪器的名称、型号、精度和量程等。

(4) 实验数据及其处理。

实验所使用的记录纸宜制成表格形式，填入相应的测量数据。填表时，要注意测量单位，此外，还要注意仪器本身的精度和测量结果的有效性。在计算中所用到的公式均须明确列出，并注明公式中各种符号所代表的意义。计算要注意有效位数，一般工程计算可取 3 位有效数字。

(5) 实验结果的表示

在实验中，除根据测得的数据整理并计算实验结果外，一般还要采用图表或曲线来表达实验的结果。在处理这些数据时，可借助计算机软件来处理数据、绘制图表、曲线等。此外，还可通过照片、图像等手段来丰富报告内容。

(6) 对实验结果的分析

在报告的最后部分，应当对实验结果进行分析讨论，其中应说明本实验的特点，明确主要结果的正确与否，并对误差加以分析，最后，结合实验结果回答指定的思考题和问题讨论。

2 基本实验

2.1 拉伸与压缩实验

拉伸实验是测定材料在静载荷作用下力学性能的最基本和最重要的实验之一。这不仅因为拉伸实验简便易行，易于分析，且测试技术较为成熟。更重要的是，工程设计中所选用材料的强度、塑性和弹性模量等力学性能指标，大多是以拉伸实验为主要依据。本实验将选用两种典型的材料 — 低碳钢和铸铁，作为常温、静载下塑性和脆性材料的代表，分别作拉伸实验和压缩实验。

2.1.1 实验目的

1. 通过对低碳钢和铸铁这两种不同性能的材料在拉伸、压缩破坏过程的观察和对实验数据、断口特征的分析，了解它们的力学性能。

2. 了解电子万能试验机的构造、工作原理和操作程序。

3. 测定低碳钢拉伸时的弹性模量 E、下屈服强度 σ_{sL}、抗拉强度 σ_b、断后伸长率 δ 和断面收缩率 ψ①；测定低碳钢压缩时的屈服强度 σ_{sc}，以及测定铸铁拉伸时的抗拉强度 σ_b 和压缩时的抗压强度 σ_{bc}。

2.1.2 试样

1. 试样制备

由于试样的形状和尺寸对实验结果有一定的影响，为了使实验结果具有可比性，试样应按统一规定加工成标准试样。按现行国家标准 GB/T 228.1—2010《金属材料拉伸试验第 1 部分：室温试验方法》规定，拉伸试样可分比例试样和定标距试样两种。比例试样是指按相似原理，原始标距 L_0 与试样截面积平方根 $\sqrt{S_0}$ 有一定的比例关系，即 $L_0 = k\sqrt{S_0}$，k 取 5.65 或 11.3，前者称短比例试样，后者称长比例试样，并修约到 5mm，10mm 的整数倍长。对圆试样，两种规格的 L_0 则分别为 $L_0 = 5d_0$ 和 $L_0 = 10d_0$。一般推荐用短比例试样。定标距试样是指取规定长度 L_0，与截面积 S_0 无比例关系。

图 1-1 为一种圆形拉伸试样，试样头部与平行部分过渡要缓和，以减少应力集中，其圆弧半径 r 依试样尺寸、材质和加工工艺而定，而 $d_0 = 10$mm 的圆试样，$r > 4$mm。试样两端头部形状依试验机夹头形式而定，要保证拉力通过试样轴线而不产生附加弯矩，其长度 H 至少为夹具长度的 3/4。中部平行长度 $L_c > L_0 + d$。为测定断后伸长率 δ，要在试样上标出原始标距 L_0，可采用划线或打点法，标出一系列等分格标记。

压缩试样常用圆柱形和正方柱形。本实验取圆柱形。为了既防止试样失稳，又要使试样

---

① 由于材料力学教材仍然沿用 GB228—87 标准中的一些术语，所以，本实验指导书仍采用此标准中的性能术语，但 GB/T 228.1—2010 标准中的性能术语为下屈服强度 R_{eL}、抗拉强度 R_m、断后伸长率 A 和断面收缩率 Z。

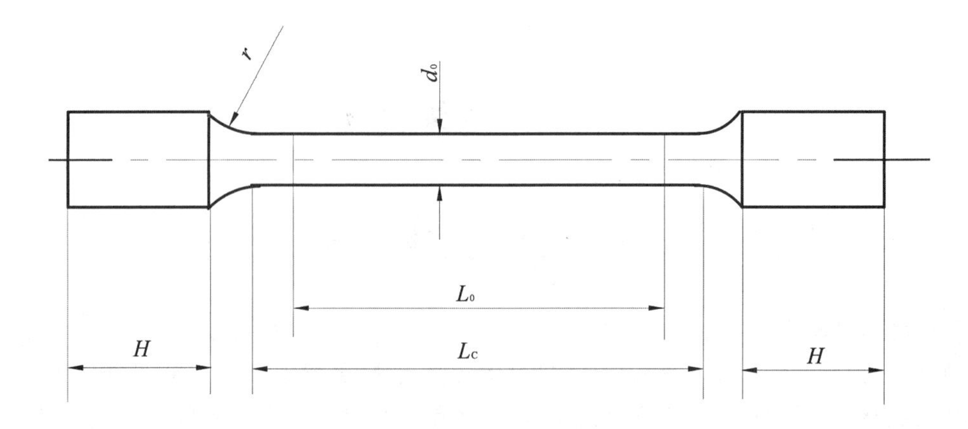

图 1-1　拉伸圆试样

中段为均匀单向压缩(距端面小于 $0.5d_0$ 内,受端面摩擦力影响,应力分布不是均匀单向的),其长度一般为 $L=(1\sim3.5)d_0$。为防止偏心受力引起的弯曲影响,对两端面的不平行度及它们与圆柱轴线的不垂直度也有一定要求。图 1-2 为圆柱形压缩试样。

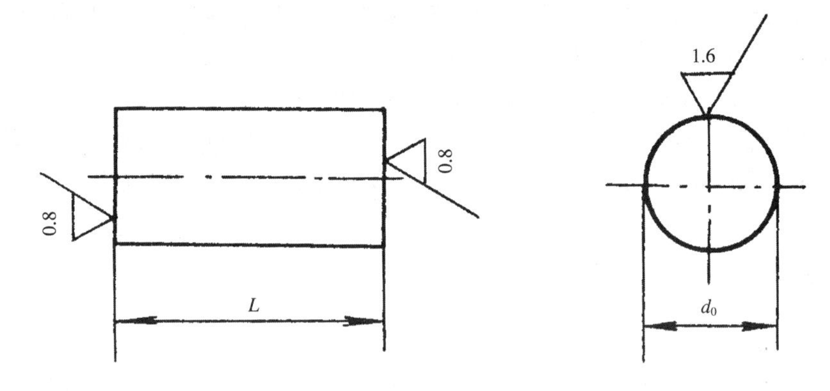

图 1-2　圆柱形压缩试样

2. 试样直径测量

对于拉伸试样,取试样工作段的两端和中间共 3 个截面,每个截面在相互垂直的方向各量取一次直径,取其算术平均值为该截面的平均直径,再取这 3 个平均直径的最小值作为被测拉伸试样的原始直径。对于压缩试样,在试样的中间截面处相互垂直的方向各量取一次直径,取其算术平均值作为被测压缩试样的原始直径。

2.1.3　电子万能试验机简介

1. 构造原理

测定材料力学性能的主要设备是材料试验机。一般把同时可以作拉伸、压缩、剪切和弯曲等多种实验的试验机称为万能材料试验机。供静力实验用的万能材料试验机有液压式、机械式和电子机械式等类型。下面介绍的电子万能试验机为电子机械式的试验机,它是电子技术与机械传动相结合的一种新型试验机,以 CSS-44000 型试验机为例,它由主机、控制器、计算机系统及附件所组成,如图 1-3 所示。

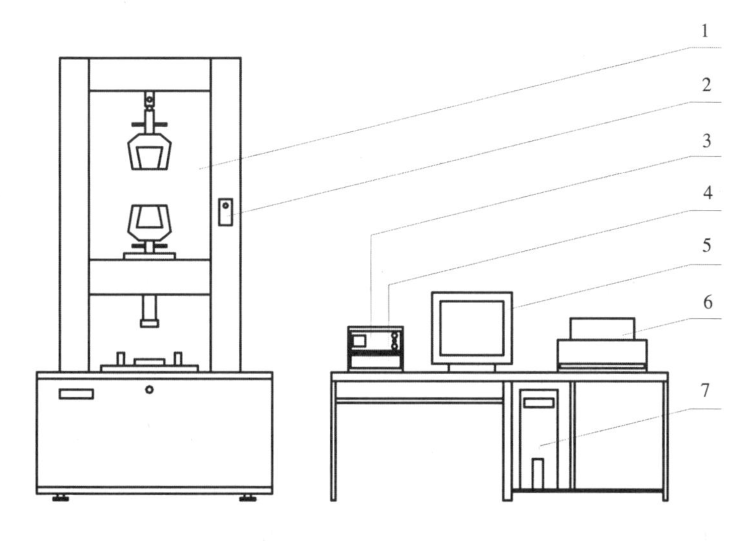

1— 主机；2— 手动操作盒；3—EDC 控制器；4— 功率放大器；5— 计算机显示器；6— 打印机；7— 计算机主机

图 1-3　电子万能试验机布局图

(1) 主机部分

电子万能试验机主机主要由负荷机架、传动系统、夹持系统和位置保护装置四部分组成，如图 1-4 所示。

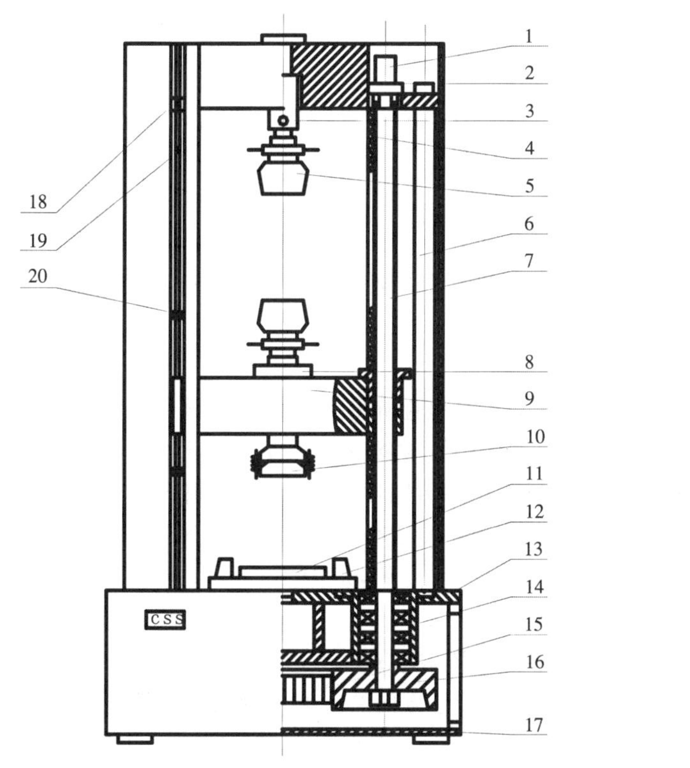

1—位移编码传感器；
2—上横梁；
3—万向连轴节；
4—防尘罩；
5—拉伸夹具；
6—立柱；
7—滚珠丝杆副；
8—负荷传感器；
9—活动横梁；
10—上压头；
11—下压板；
12—弯曲试台；
13—工作台；
14—轴承组；
15—圆弧齿形带；
16—大带轮；
17—底板；
18—导向节；
19—限位杆；
20—限位环

图 1-4　电子式万能试验机主机结构图

① 负荷机架。负荷机架由 4 根立柱支承上横梁与工作台板构成门式框架，两丝杠穿过动横梁两端并安装在上横梁与工作台板之间。工作台板由两个支脚支承在底板上，且机械传动减速器也固定在工作台板上。工作时，伺服电机驱动机械传动减速器，进而带动丝杠转动，驱使动横梁上下移动。实验过程中，力在门式负荷框架内得到平衡。

② 传动系统。传动系统由数字式脉宽调制直流伺服系统、减速装置和传动带轮等组成。执行元件采用永磁直流伺服电机，其特点是响应快，而且该电机具有高转矩和良好的低速性能。与电机同步的高性能光电编码器作为位置反馈元件，从而使动横梁获得准确而稳定的试验速度。

③ 夹持系统。对于 100kN 和 200kN 规格的电子万能试验机，在拉伸夹具的上夹头均安装有万向连轴节，它的作用是消除由于上、下拉伸夹具的不同轴度误差带来的影响，使试样在拉伸过程中只受到沿轴线方向的单向力，并使该力准确地传递给负荷传感器。但是 500kN 规格的电子万能试验机的夹具不用万向连轴节，而是通过连杆直接与夹具刚性连接。对于双空间结构的电子万能试验机(如 100kN 和 200kN 规格的试验机)，下夹头安装在动横梁上。对于单空间结构的电子万能试验机(如 500kN 规格的试验机)，下夹头直接安装在工作台板上。

④ 位置保护装置。动横梁位移行程限位保护装置由导杆，上、下限位环以及限位开关组成，安装在负荷机架的左侧前方。调整上、下限位环可以预先设定动横梁上、下运动的极限位置，从而保证当动横梁运动到极限位置时，碰到限位环，进而带动导杆操纵限位开关触头切断驱动电源，动横梁立即停止运行。

(2) 数字控制器

数字控制系统由德国 DOLI 公司的 EDC120 数字控制器和直流功率放大器组成。其中，功率放大器的作用在于功率放大、驱动和控制电机。通常情况下，数字控制器与计算机相联，利用计算机软件控制和完成各种实验。

2. 测量系统

电子式万能试验机测量系统包括载荷测量、试样变形测量和活动横梁的位移测量等三部分。

(1) 载荷测量

载荷测量是通过负荷传感器来完成的。本实验所用的负荷传感器为应变片式拉、压力传感器，由于这种传感器以电阻应变片为敏感元件，并将被测物理量转换成为电信号，因此，便于实现测量数字化和自动化。应变片式拉、压力传感器有圆筒式、轮辐式等类型，本试验机上采用轮辐式传感器。如图 1-5 所示，应变片通常接成全桥以提高其灵敏度和实现温度补偿。

轮辐式拉、压力传感器的弹性元件为 4 根应变梁，从图 1-5 中可知，轮轴处受到载荷 P 作用后，4 根应变梁受到剪切力，在梁的 45° 方向和 −45° 方向分别受到拉应变和压应变，故与传感器受拉方向成 45° 方向贴 4 枚应变片 R_1，R_2，R_3，R_4，与传感器受拉方向成 −45° 方向贴 4 枚应变片 R_5，R_6，R_7，R_8，然后把对称且同一方向的应变片两两串联组成测量电桥。当载荷变化时被测应变片的电信号量同时也发生变化，应变片电测原理详见 2.2 节应变电测原理简介。

(2) 变形测量

试样的伸长变形量是通过变形传感器来测得的。本实验所用的变形传感器为应变式轴

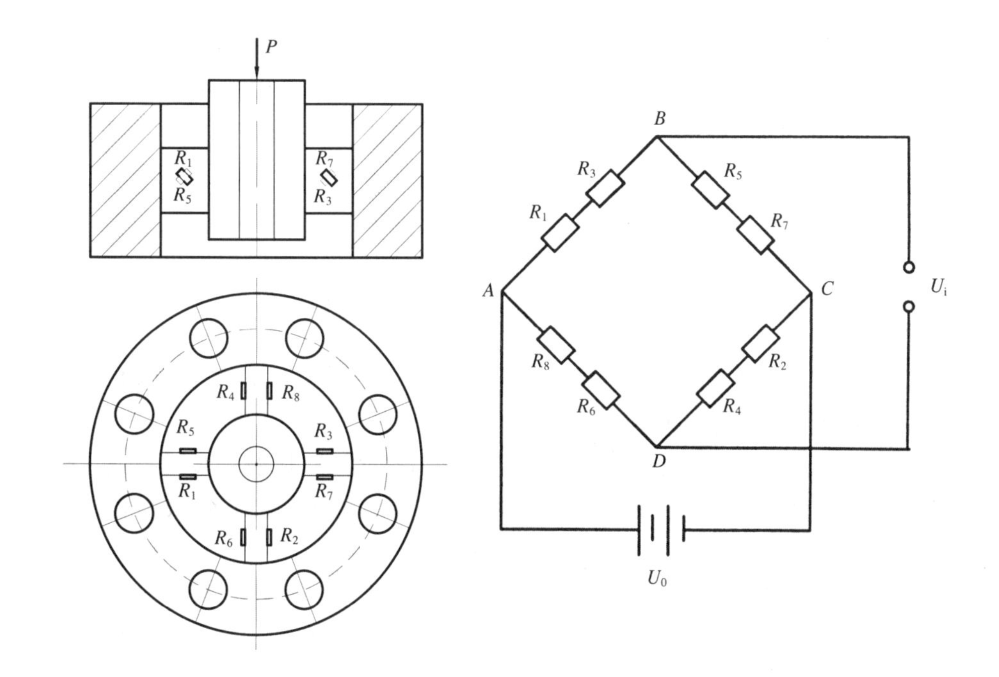

图 1-5　轮辐式拉压传感器

向引伸仪，其外形、结构原理及应变测量桥路见图 1-6 所示。引伸仪主要由刚性变形传递杆、弹性元件及贴在其上的应变片和刀刃等部件所组成。L 为引伸仪的初始标距，其长度靠定位销插入销孔来确定。实验前，将引伸仪装夹于试样上，当两刀刃以一定压力与试样接触，刀刃

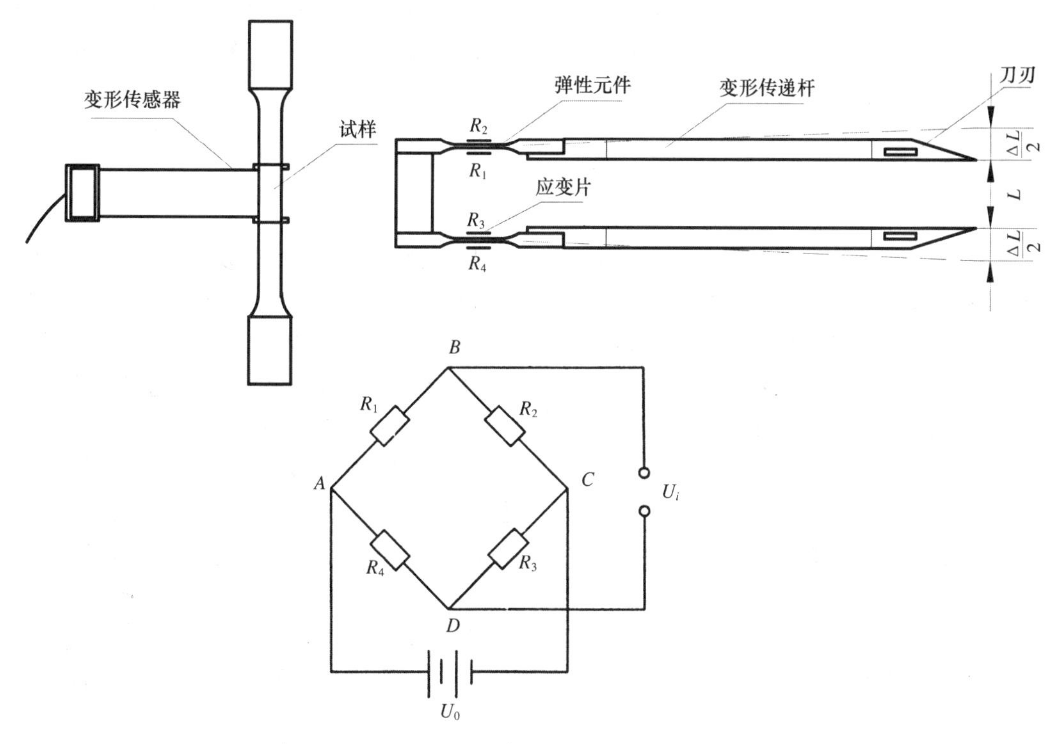

图 1-6　变形传感器外形、结构原理及应变测量桥路图

就与接触点保持同步移动，试样变形就准确地传递给引伸仪，该压力通过绑在试样上的橡皮筋得到，于是，在传递杆带动下，引伸仪的弹性元件产生弯曲应变 ε。从几何关系可以得到，在一定范围内 ΔL 与 ε 可视为正比关系，故测得 ε 后，就可知道试样的伸长 ΔL，然后通过控制器并经放大后输入计算机。

(3) 位移测量

活动横梁相对于某一初始位置的位移量是借助丝杠的转动来实现的。滚珠丝杠转动时，装在滚珠丝杠上的光电编码传感器输出的脉冲信号经过转换而测得。

3. 操作步骤

(1) 启动计算机后，打开功率放大器电源开关，控制器(上) 出现 PC-CONTROL 后，双击桌面CSS 图标，然后分别点击联机钮和启动钮。

(2) 在菜单栏选择条件，点击条件读盘，选低碳钢拉伸实验、压缩实验或铸铁拉伸实验、压缩实验，输入试验条件。除数据文件名、试样尺寸、实验者、实验日期、年级专业外，其他选项也可使用默认值。

(3) 安装试样，通过手动盒调节机器横梁升降，使之适合拉伸或压缩实验要求。调整时应密切观察横梁与上夹头及下支座间的空余距离，严防接触过载而损坏机器。在夹紧拉伸试样前，应将力值清零，方法为鼠标右键点击力显示框内清零。

(4) 根据实验要求安装引伸仪，安装好后拔出定位销。

(5) 由于夹具的原因在夹紧试样时试样可能已经受力，应用鼠标点击上升和暂停钮卸除载荷。

(6) 开始试验，点击试验钮。如安装了引伸仪，当变形超过设定值时机器会发出提示音，提醒你摘引伸仪，此时点击摘引伸仪钮，应马上摘除引伸仪，试验继续进行。当试样破坏后按结束试验钮并保存结果，对于低碳钢压缩实验，因为没有极限强度，当加载到 100kN 左右时或达设备的最大量程前应结束试验。

2.1.4 实验原理

1. 低碳钢拉伸

低碳钢是工程上广泛使用的材料。低碳钢一般是指含碳量在 0.3% 以下的碳素结构钢。本次实验采用牌号为 Q235 的碳素结构钢，其含碳量在 0.14%～0.22%。把试样装在电子万能试验机上进行拉伸实验，拉力由负荷传感器测得，位移由光电编码传感器测得，变形由安装在试样上的电子引伸仪测得。由于负荷传感器、位移传感器和电子引伸仪都通过数字控制器与计算机相连接，因此，低碳钢拉伸时的力和位移曲线、力和变形的关系曲线都直接反映在显示器上，并保存于计算机中。试验时可以根据需要来定义你所要画的曲线。试验结束后，还可以将数据拷出导入到其它计算机软件进行处理。

典型的低碳钢拉伸时力和变形的关系曲线(F-ΔL 曲线)，可分为四个阶段(图 1-7)。

(1) 弹性阶段

拉伸初始阶段(OA) 段为弹性阶段，在此阶段若卸载，试样的伸长变形即可消失，即弹性变形是可以恢复的变形。在此阶段，力 F 与变形 ΔL 成正比关系为一直线。由于弹性模量是材料在线性弹性范围内的轴向应力与轴向应变之比，即 $E=\dfrac{\sigma}{\varepsilon}=\left(\dfrac{F}{S_0}\right)\Big/\left(\dfrac{\Delta L}{L_0}\right)=\dfrac{FL_0}{\Delta LS_0}$，

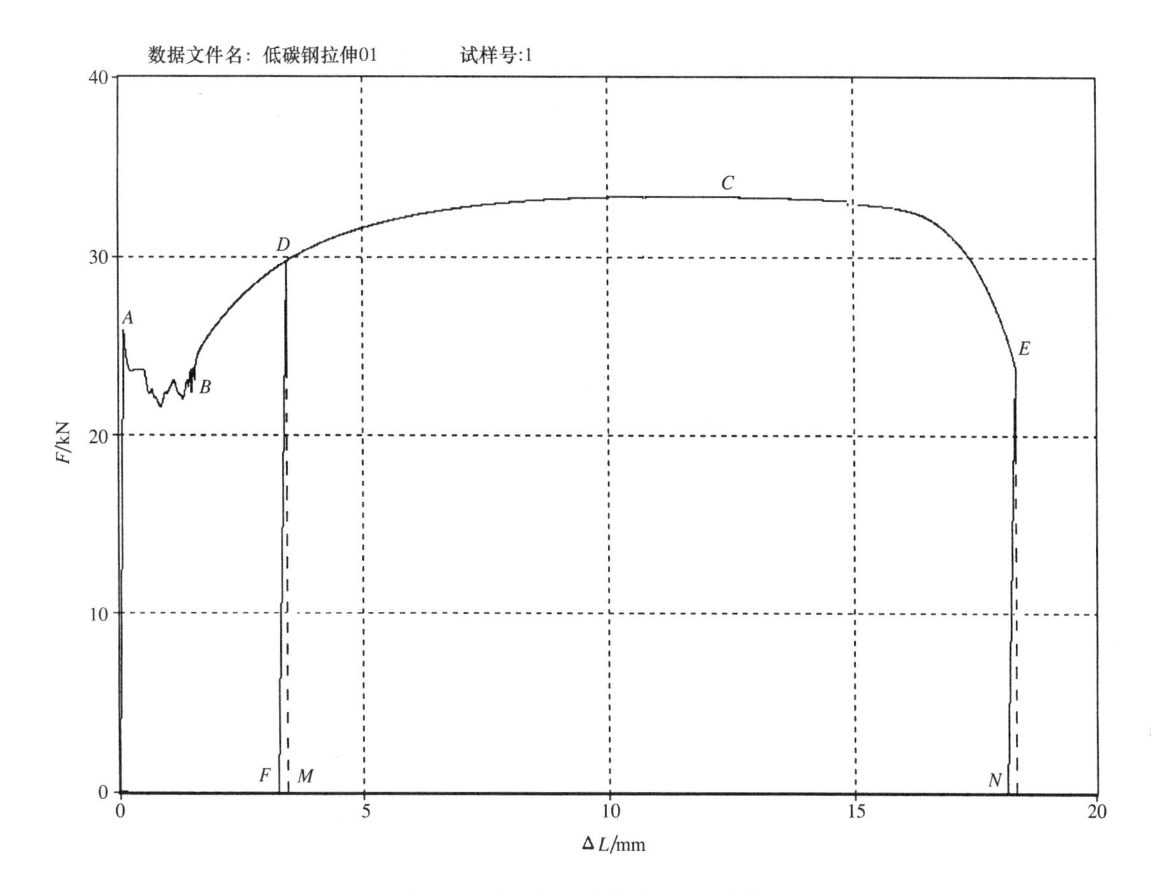

图 1-7 低碳钢拉伸时的 F-ΔL 曲线

而 $F/\Delta L$ 为直线 OA 的斜率。因此，直线 OA 的斜率乘以 L_0/S_0 即为低碳钢材料的弹性模量 E。弹性模量 E 又称杨氏模量。

(2) 屈服阶段

继续增加载荷，当试验进行到 A 点以后，试样继续变形，但力却不再增加，而是出现一段比较平坦的波浪线。若试样表面加工光洁，那么，此时可看到 45° 倾斜的滑移线。这种现象称为屈服，即进入屈服阶段（AB 段）。其特征值屈服强度表征材料抵抗永久变形的能力，是材料重要的力学性能指标。屈服强度分为上屈服强度和下屈服强度，分别用 σ_{su} 和 σ_{sL} 表示，工程上通常采用下屈服强度 σ_{sL} 作为设计依据。

(3) 强化阶段

过了屈服阶段（B 点），力又开始增加，曲线亦趋上升，说明材料结构组织发生变化，得到强化，需要增加载荷，才能使材料继续变形。随着载荷增加，曲线斜率逐渐减小，直到 C 点，达到峰值，该点为抗拉极限载荷，即试样能承受的最大载荷。此阶段（BC 段）称强化阶段，若在强化阶段某点 D 卸去载荷，可看到此时曲线沿与弹性阶段（OA）近似平行的直线（DF）降到 F 点，若再加载，它又沿原直线（DF）升到 D 点，说明亦为线弹性关系，只是比原弹性阶段提高了。D 点的变形可分为两部分，即可恢复的弹性变形（FM 段）和残余（永久）的塑性变形（OF 段）。这种在常温下冷拉过屈服阶段后呈现的性质，称为冷作硬化。在工程上常利用冷作硬化来提高钢筋和钢缆绳等构件在线弹性范围内所能承受的最大载荷，但此工艺同时亦降低了材料的塑性性能，如图1-7所示，冷拉后的断后伸长FN比原来的断后伸长ON减少了。这种冷作硬化性质，只有经过退火处理才能消失。

(4) 颈缩阶段

材料强化到达最高点C以后，试样出现不均匀的轴线伸长，在某薄弱处，截面明显收缩，直到断裂，称颈缩现象。因截面不断削弱，承载力减小，曲线呈下降趋势，直到断裂点E，该阶段(CE段)为颈缩阶段。颈缩现象是材料内部晶格剪切滑移的表现。

2. 铸铁拉伸

铸铁拉伸图(图1-8)比低碳钢拉伸图简单，在变形很小时就达到最大的载荷而突然发生断裂破坏，没有屈服和颈缩现象，其抗拉强度也远远小于低碳钢的抗拉强度。

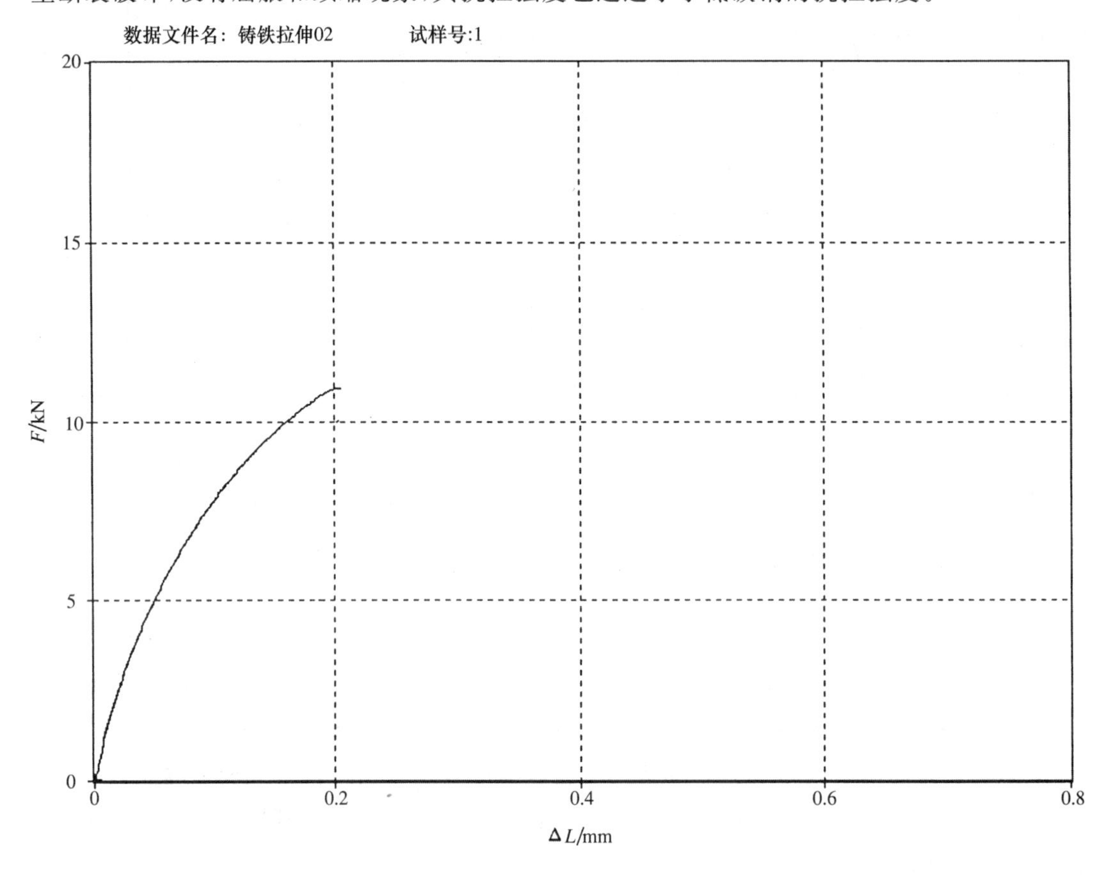

图1-8　铸铁拉伸时的F-ΔL曲线

3. 低碳钢压缩

低碳钢压缩图如图1-9所示。它也有屈服阶段，当载荷超过屈服值以后，由于低碳钢是塑性材料，继续加载也不会出现明显破坏，只会越压越扁，同时试样的横截面面积也越来越大，这就使得低碳钢试样的抗压强度无法测定。由于试样两端面受到摩擦力的影响，不可能像其中间部分那样自由地发生横向变形，因此试样变形后逐渐被压成鼓形，如果再继续加载，试样则由鼓形再变成象棋形状甚至饼形。

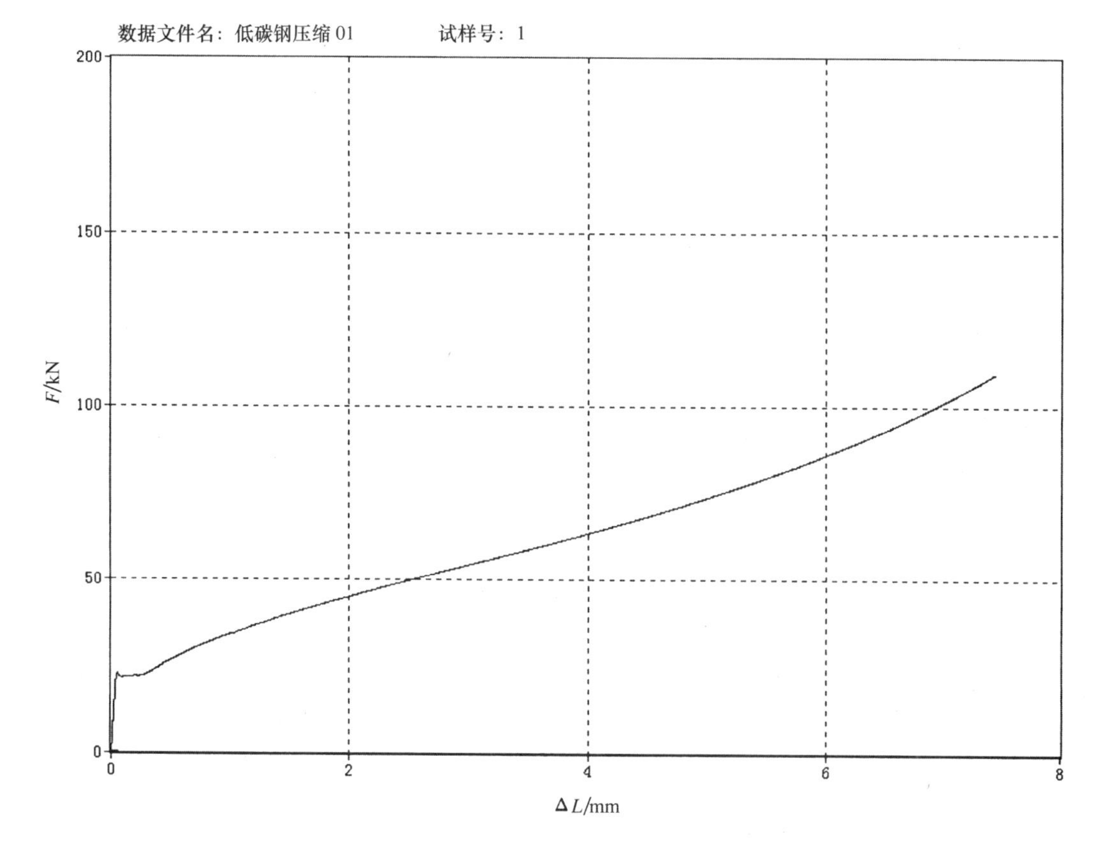

图 1-9　低碳钢压缩时的 F-ΔL 曲线

4. 铸铁压缩

铸铁压缩图(图 1-10)与铸铁拉伸图相似，不过其抗压强度要比其抗拉强度大得多。试样破坏时断裂面大约和试样轴线成 45°，说明破坏主要是由切应力引起的。

2.1.5　拉伸、压缩力学性能的试验定义和测定

1. 屈服强度 σ_s、上屈服强度 σ_{su}、下屈服强度 σ_{sL}、压缩时屈服强度 σ_{sc}

在屈服阶段，若载荷是恒定的，则此时的应力称屈服强度 σ_s；若载荷下降或波动，则首次下降前的最大应力为上屈服强度 σ_{su}，波动的最小应力为下屈服强度 σ_{sL}。本试验系测定材料的下屈服强度 σ_{sL}。

压缩时，则不分上、下屈服强度，把上述方法测定的 σ_s 或 σ_{sL} 当作屈服强度 σ_{sc}：

$$\sigma_s = \frac{F_s}{S_0},\quad \sigma_{su} = \frac{F_{su}}{S_0},\quad \sigma_{sL} = \frac{F_{sL}}{S_0},\quad \sigma_{sc} = \frac{F_{sc}}{S_0}$$

2. 抗拉强度 σ_b

拉伸过程中最大载荷与原始横截面积之比称为抗拉强度 σ_b：

$$\sigma_b = \frac{F_b}{S_0}$$

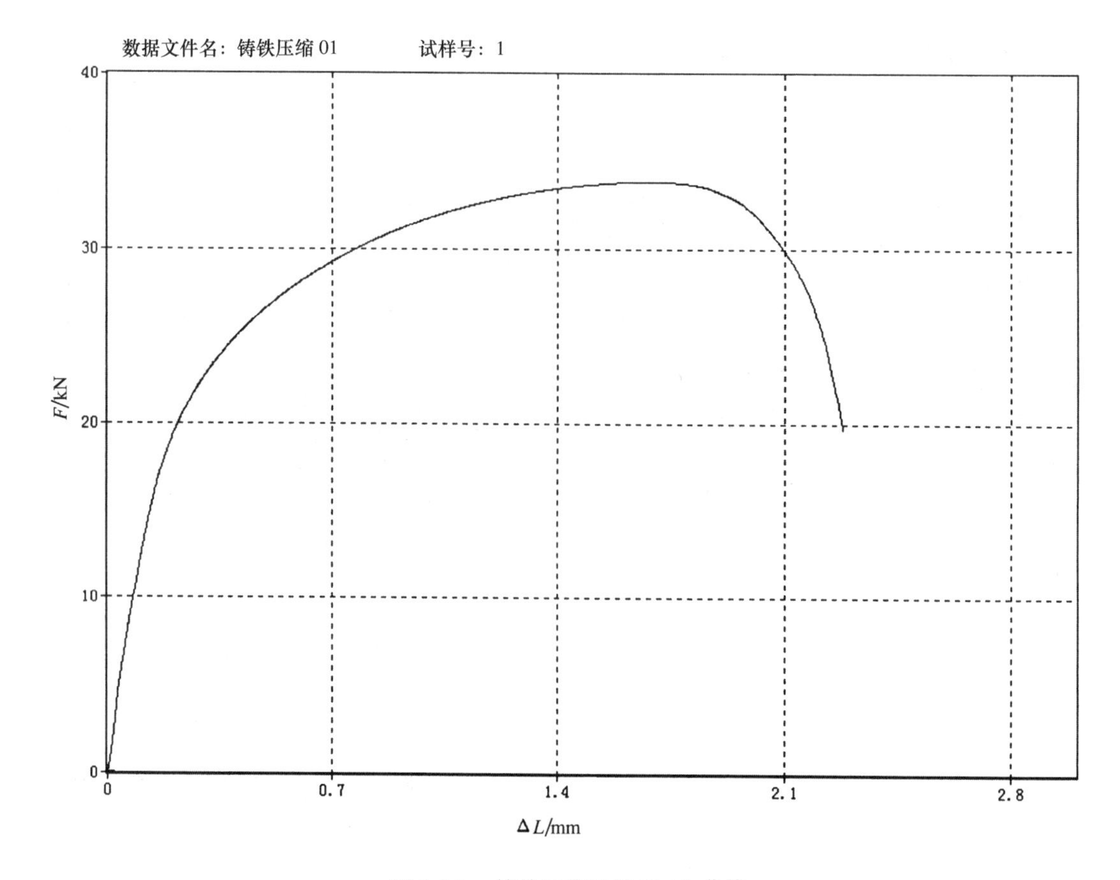

图 1-10　铸铁压缩时的 F-ΔL 曲线

3．抗压强度

试样受压至破坏前承受的最大载荷与原始横截面积之比称为抗压强度 σ_{bc}。不发生破坏的材料，如低碳钢则没有抗压强度极限。

4．断后伸长率 δ

试样拉断后，标距内的伸长与原始标距 L_0 的百分比称为断后伸长率，即

$$\delta = \frac{L_1 - L_0}{L_0} \times 100\%$$

其中，L_1 是试样断后标距，测量时将断后的试样按原样紧密对接在同一轴线上量取。短、长比例试样的断后伸长率分别以符号 δ_5，δ_{10} 表示。定标距试样的断后伸长率应附以该标距数值的脚注，例如，$L_0 = 100\text{mm}$ 或 200mm，则分别以符号 δ100mm 或 δ200mm 表示。

许多塑性材料在断裂前出现颈缩（如低碳钢）并会发生不均匀伸长（断口处伸长最大），于是，断口发生在标距内的不同位置，量取的 L_1 也会不同。为具有可比性，当断口到最邻近标距端点的距离大于 $L_0/3$ 时，直接测量断后标距；当断口到最邻近标距端点的距离小于或等于 $L_0/3$ 时，需采用断口移中的办法。具体方法如下：在长段上从拉断处 O 取基本等于短段的格数，得 B 点，此时若剩余格数为偶数（图 1-11(a)），取剩余格数一半得 C 点；若此时剩余格数为奇数（图 1-11(b)），取剩余格数减 1 后的一半得 C 点，加 1 后的一半得 C_1 点，从而得到移位后的断后标距 L_1 分别为

$$L_1 = AB + 2BC \quad （当剩余格数为偶数时）$$

$$L_1 = AB + BC + BC_1 \quad （当剩余格数为奇数时）$$

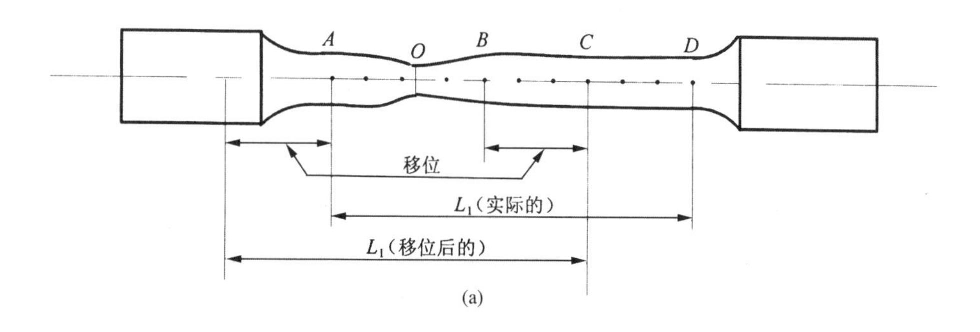

(a)

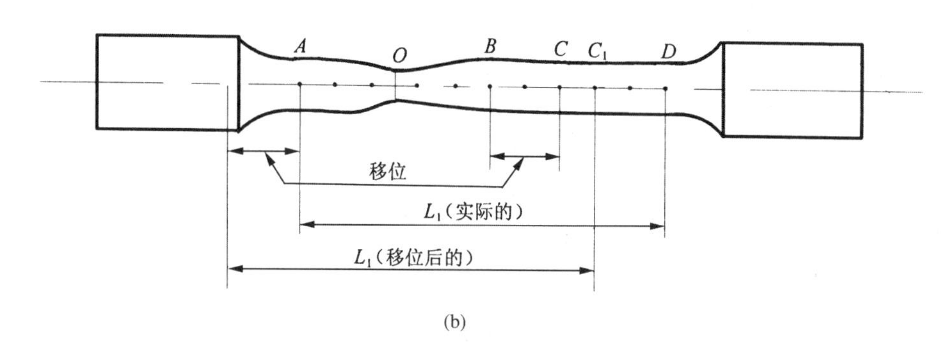

(b)

图 1-11　断口移中示意图

5. 断面收缩率 ψ

原始横截面积 S_0 与断后最小横截面积 S_1 之差除以原始截面积的百分率称为断面收缩率，即

$$\psi = \frac{S_0 - S_1}{S_0} \times 100\%$$

颈缩处最小横截面积 S_1 的测定，是在断口按原样沿同一轴线对接后，在颈缩最小处两个相互垂直的方向上测量其直径，取二者的算术平均值计算。

2.1.6　思考题

1. 如材料相同、直径相同的长比例试样 $L_0 = 10d_0$ 与短比例试样 $L_0 = 5d_0$ 相比，其拉断后伸长率 δ 是否相同？

2. 试件的截面形状和尺寸对测定弹性模量值是否有影响？

3. 在同一温度，以不同的加载速度进行拉伸实验时，所得结果是否相同？

4. 是否可以通过拉伸实验来测试材料的泊松比 μ 值？

2.2 应变电测原理简介

应变电测技术是一种确定构件表面应变或应力的实验应力分析方法。其原理是：将电阻应变片粘贴在被测构件表面，当构件受力变形时，应变片的电阻值发生相应变化。通过应变仪测定应变片的电阻变化，并换算成应变或输出与应变成正比的电信号。

应变电测技术由于测量精度高，测量范围广，频率响应好。由于测量过程输出的是电信号，可以进行远距离测量和遥测，便于自动测量及计算机数据处理等诸多优点所以，被广泛应用于航空航天、土木建筑、桥梁结构、冶金化工、交通运输、机械工程和生物医学等领域。在我们日常生活当中，使用的各类电子秤也是根据应变电测原理来设计制造的。

1. 电阻应变片

电阻应变片通常可分丝式片和箔式片两种。丝式电阻应变片的结构如图 2-1(a) 所示，在绝缘片基上固定有绕成栅状的电阻丝，又称敏感栅。当片基牢固地粘贴在被测构件应变部位时，与电阻丝平行的应变就传递给敏感栅了，使电阻丝发生长度变化并产生相应电阻变化。箔式电阻应变片的结构如图 2-1(b) 所示，它由金属箔片经光刻、腐蚀等工艺制作成电阻箔栅而成。箔式应变片根据不同的测量要求，可以制成不同形状的敏感栅，亦可在同一片基上制成多个敏感栅，产品质量好，生产工艺简单，已经取代丝式应变片而得到广泛的应用。

将电阻丝做成栅状，可在很小面积内增加丝的长度，既达到一定阻值，又能测得局部"点"的应变。目前，甚至已能做出测量面积小于 1mm^2 的应变片。

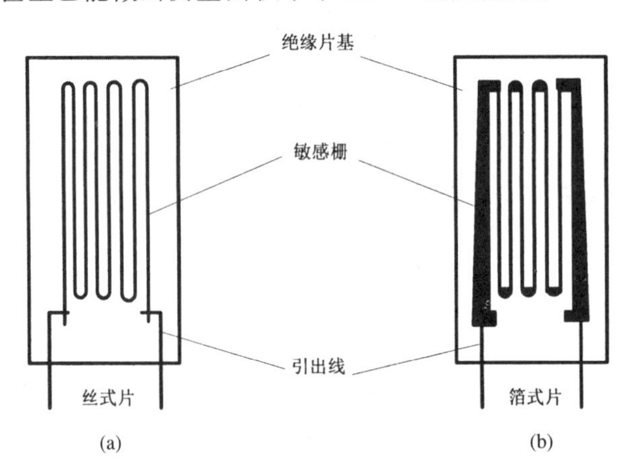

图 2-1　电阻应变片

电阻丝的电阻变化与应变存在什么关系呢？我们从敏感栅中取一直线段，其长为 L，截面积为 S，电阻率为 ρ，其电阻值为

$$R=\rho\frac{L}{S} \tag{2-1}$$

当其长度发生变化 $\mathrm{d}L$ 时，电阻亦发生变化 $\mathrm{d}R$，将式(2-1) 微分后，得

$$\frac{\mathrm{d}R}{R}=\frac{\mathrm{d}L}{L}-\frac{\mathrm{d}S}{S}+\frac{\mathrm{d}\rho}{\rho} \tag{a}$$

在单向应力状态下，截面积 S 的变化率$\frac{\mathrm{d}S}{S}$可用泊松效应表示，即

$$\frac{\mathrm{d}S}{S}=-2\mu\frac{\mathrm{d}L}{L} \tag{b}$$

布尔兹曼(Bridgman) 定理表明，金属电阻率的变化率$\frac{\mathrm{d}\rho}{\rho}$与体积变化率成正比，即

$$\frac{\mathrm{d}\rho}{\rho}=m\frac{\mathrm{d}V}{V} \tag{c}$$

同样，应用泊松效应

$$\frac{\mathrm{d}V}{V}=(1-2\mu)\frac{\mathrm{d}L}{L} \tag{d}$$

将式(b)、式(c)、式(d) 代入式(a)，则

$$\frac{\mathrm{d}R}{R}=[(1+2\mu)+m(1-2\mu)]\frac{\mathrm{d}L}{L} \tag{2-2}$$

式中，$[(1+2\mu)+m(1-2\mu)]$ 为常数，令其为 K_0，则上式可写成

$$\frac{\mathrm{d}R}{R}=K_0\frac{\mathrm{d}L}{L} \tag{2-3}$$

而$\frac{\mathrm{d}L}{L}$是电阻丝的长度变化率，即它的应变 ε，则

$$\frac{\mathrm{d}R}{R}=K_0\varepsilon \tag{2-4}$$

式(2-4) 说明，电阻丝的电阻变化率与其应变成正比，比例系数 K_0 称为电阻丝的灵敏系数。

应变片的栅状电阻丝同样有这样的关系：

$$\frac{\mathrm{d}R}{R}=K\varepsilon$$

用增量形式表示，则有

$$\frac{\Delta R}{R}=K\varepsilon \tag{2-5}$$

K 为应变片的灵敏系数。K 值与敏感栅的材料和几何形状等有关，是由制造厂家用标准应变设备抽样标定后提供给使用者的。

2. 电阻变化率$\frac{\Delta R}{R}$的测定

为了测量 ε，就要测得$\frac{\Delta R}{R}$，而$\frac{\Delta R}{R}$是通过惠斯顿电桥测得的，如图 2-2 所示。

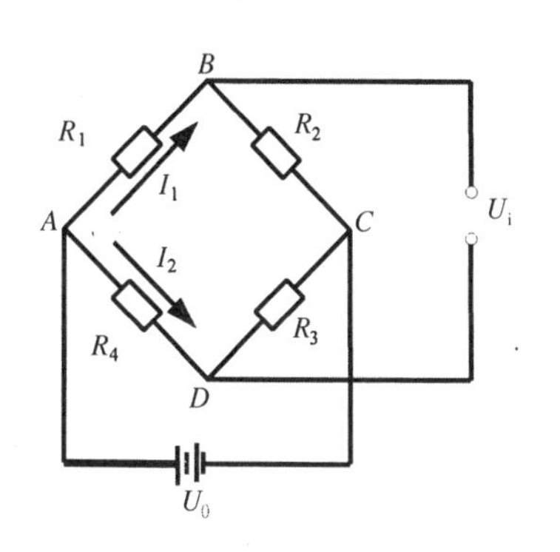

图 2-2　惠斯顿电桥

电阻 R_1，R_2，R_3，R_4 构成电桥的 4 个桥臂，它们可用

应变片代替。在AC端输入稳定的供桥电压U_0，BD端则输出电压U_i，当4个桥臂电阻处于一定关系时，输出电压U_i为零，此时，称电桥平衡。根据电工原理，电流

$$I_1 = \frac{U_0}{R_1 + R_2}, \quad I_2 = \frac{U_0}{R_3 + R_4}$$

输出电压

$$\begin{aligned} U_{BD} = U_i = U_{BA} - U_{DA} &= I_1 R_1 - I_2 R_4 \\ &= \left(\frac{R_1}{R_1 + R_2} - \frac{R_4}{R_3 + R_4}\right) U_0 = \frac{R_1 R_3 - R_2 R_4}{(R_1 + R_2)(R_3 + R_4)} U_0 \end{aligned}$$

要使U_i为零，必有$R_1 R_3 = R_2 R_4$，此即为电桥平衡条件。

当桥臂电阻值改变一个微量时，平衡破坏，则输出电压$U_i \neq 0$，其增量为

$$\Delta U_i \approx \frac{\partial U_i}{\partial R_1}\Delta R_1 + \frac{\partial U_i}{\partial R_2}\Delta R_2 + \frac{\partial U_i}{\partial R_3}\Delta R_3 + \frac{\partial U_i}{\partial R_4}\Delta R_4 \tag{e}$$

因为

$$U_i = \left(\frac{R_1}{R_1 + R_2} - \frac{R_4}{R_3 + R_4}\right) U_0$$

故有

$$\frac{\partial U_i}{\partial R_1}\Delta R_1 = \frac{(R_1 + R_2) - R_1}{(R_1 + R_2)^2}\Delta R_1 U_0 = \frac{R_1 R_2}{(R_1 + R_2)^2} \times \frac{\Delta R_1}{R_1} U_0 \tag{f}$$

$$\frac{\partial U_i}{\partial R_2}\Delta R_2 = \frac{-R_1}{(R_1 + R_2)^2}\Delta R_2 U_0 = \frac{-R_1 R_2}{(R_1 + R_2)^2} \times \frac{\Delta R_2}{R_2} U_0 \tag{g}$$

同理

$$\frac{\partial U_i}{\partial R_3}\Delta R_3 = \frac{R_3 R_4}{(R_3 + R_4)^2} \times \frac{\Delta R_3}{R_3} U_0 \tag{h}$$

$$\frac{\partial U_i}{\partial R_4}\Delta R_4 = -\frac{R_3 R_4}{(R_3 + R_4)^2} \times \frac{\Delta R_4}{R_4} U_0 \tag{i}$$

将式(f)、式(g)、式(h)和式(i)代入式(e)，则

$$\Delta U_i = \left[\frac{R_1 R_2}{(R_1 + R_2)^2}\left(\frac{\Delta R_1}{R_1} - \frac{\Delta R_2}{R_2}\right) + \frac{R_3 R_4}{(R_3 + R_4)^2}\left(\frac{\Delta R_3}{R_3} - \frac{\Delta R_4}{R_4}\right)\right] U_0 \tag{2-6}$$

当桥臂电阻全等或对称，即$R_1 = R_2 = R_3 = R_4$，或$R_1 = R_2$，$R_3 = R_4$时，则有

$$\frac{R_1 R_2}{(R_1 + R_2)^2} = \frac{R_3 R_4}{(R_3 + R_4)^2} = \frac{1}{4} \tag{j}$$

将式(j)代入式(2-6)，则有

$$\Delta U_i = \frac{U_0}{4}\left(\frac{\Delta R_1}{R_1} - \frac{\Delta R_2}{R_2} + \frac{\Delta R_3}{R_3} - \frac{\Delta R_4}{R_4}\right) \tag{2-7}$$

将式(2-5)代入式(2-7)，则有

$$\Delta U_{\mathrm{i}} = \frac{U_0 K}{4}(\varepsilon_1 - \varepsilon_2 + \varepsilon_3 - \varepsilon_4) \tag{2-8}$$

式(2-8)表明，输出电压的增量 ΔU_{i} 与桥臂上应变组合$(\varepsilon_1 - \varepsilon_2 + \varepsilon_3 - \varepsilon_4)$成正比，如将 ΔU_{i} 按单位读数 $U_0 K/4$ 表示，则能直接读出$(\varepsilon_1 - \varepsilon_2 + \varepsilon_3 - \varepsilon_4)$的大小，即输出读数

$$\varepsilon_{\mathrm{ds}} = \varepsilon_1 - \varepsilon_2 + \varepsilon_3 - \varepsilon_4 \tag{2-9}$$

式(2-9)是应变电测最重要的关系式，各种应变测量方法均以此为依据。

3. 桥路连接

利用关系式(2-9)，在桥路中接入应变片可有多种方式。

若 4 个桥臂都接入应变片，称全桥接法。

例如，在某单向应力状态部位，平行应力方向贴 2 片应变片，垂直应力方向贴 2 片应变片，平行片的应变 ε 同垂直片的应变 ε' 的关系由泊松效应可知为 $\varepsilon' = -\mu\varepsilon$。将平行片接入桥臂 R_1，R_3 位置，垂直片接入 R_2，R_4 位置，则

$$\varepsilon_1 = \varepsilon_3 = \varepsilon, \qquad \varepsilon_2 = \varepsilon_4 = -\mu\varepsilon$$

由式(2-9)，读数为

$$\varepsilon_{\mathrm{ds}} = \varepsilon_1 - \varepsilon_2 + \varepsilon_3 - \varepsilon_4 = 2(1+\mu)\varepsilon$$

读数比实际应变放大了 $2(1+\mu)$ 倍，或称工作臂系数为 $2(1+\mu)$。

如果将 R_3，R_4 两个桥臂接入 2 个等值的固定电阻，只将 R_1，R_2 位置接入应变片，则称半桥接法。

在上例中，若采用半桥接法，R_1 接入平行片，R_2 接入垂直片，R_3，R_4 用固定电阻接入。因固定电阻无变化，即 $\varepsilon_3 = \varepsilon_4 = 0$，由式(2-9)，读数为

$$\varepsilon_{\mathrm{ds}} = \varepsilon_1 - \varepsilon_2 + 0 - 0 = (1+\mu)\varepsilon$$

故工作臂系数为$(1+\mu)$。

4. 温度补偿

应变片的电阻变化率$\frac{\Delta R}{R}$不仅受所贴构件承载变形的影响，而且受温度变化的影响。要测构件的承载应变，就要消除温度对测试的影响，这一过程称温度补偿。常用方法是利用式(2-9)中的相减关系抵消温度影响。

应变片输出的应变 ε 由载荷引起的应变 ε_P 和温度引起的应变 ε_t 组成，即 $\varepsilon = \varepsilon_P + \varepsilon_t$，其中，$\varepsilon_P$ 由式(2-9)得读数

$$\varepsilon_{\mathrm{ds}P} = m\varepsilon_P$$

式中，m 为工作臂系数。而 ε_t 受相同温度影响，各桥臂的 ε_t 相同，在式(2-9)中，它们相减为零，即

$$\varepsilon_{\mathrm{ds}t} = \varepsilon_t - \varepsilon_t + \varepsilon_t - \varepsilon_t = 0$$

于是，最后输出读数

$$\varepsilon_{\mathrm{ds}} = \varepsilon_{\mathrm{ds}P} + \varepsilon_{\mathrm{ds}t} = m\varepsilon_P$$

这样，就消除了温度影响，这种方法称温度自补偿。

还有一种利用补偿块的方法，在一块与测点材料相同、温度变化相同、但不受力的补偿块上贴上补偿应变片。它输出的应变只有温度影响的 ε_t，且与测量片中的 ε_t 相同。采用全桥接法时，补偿片接入 R_2，R_4 位置；采用半桥接法时，补偿片接入 R_2 位置。利用式(2-9)的相减关系，用补偿片的 ε_t 抵消了测量片中的 ε_t。

5. 应变仪

应变电测方法是利用金属的应变 - 电阻效应来间接测量构件应变的。由于构件应变一般比较小，如用电桥直接测量是很困难的，因此，需采用某些测量电路，将电阻相对变化变成电桥的电压变化，再经过仪器放大处理，才能精确地测量和显示应变。按上述要求设计并具有电桥接口、应变信号放大、指示或输出的仪器，称为应变仪。电阻应变仪分为静态电阻应变仪和动态电阻应变仪两种。静态应变仪主要用于静力实验中有关力学量的测量，动态应变仪可用来测量结构件的动态应力、应变和振动、冲击等力学量。

下面介绍的 DH3818-2 静态电阻应变仪是目前常用的一种静态电阻应变仪，它采用 4 位半 LED 数字发光管显示应变，2 位发光管显示测点编号，直流电桥供电，具有自动电桥平衡测量方式，既可以手动测量也可以通过 USB 接口与计算机连接进行程序控制测量，功能多，操作方便，测量结果还可以由计算机进行数据处理等特点。

DH3818-2 静态电阻应变仪分为 10 个测点和 20 个测点两种，面板如图 2-3 所示(以 10 个测点的仪器为例介绍)，仪器上部有 3 种接线图，分别为 1/4 桥桥连接方式；半桥桥连接方式和全桥桥连接方式，可根据实验的要求采用相应的连接方式。仪器中部有 11 列接线柱用来连接应变片，第 1 列为补偿接线柱；第 2—11 列分别为 1—10 个测点的接线柱，在每列接线柱上标有 A，B，C，D 分别表示接入电桥上的相应 A，B，C，D 连接端。E 点为接地端，测量时，遇到干扰信号可将该点接地。应变仪在进行 1/4 桥和半桥连接时，要在电桥上加入 3 个或 2 个固定电阻代替应变片组成全桥(电阻值一般为 120Ω)，故在测量时，通过连接接线柱上的金属铜片(短接片)来实现，实验时，请按面板上的接线图来进行连接。仪器的下部左侧 2 位显

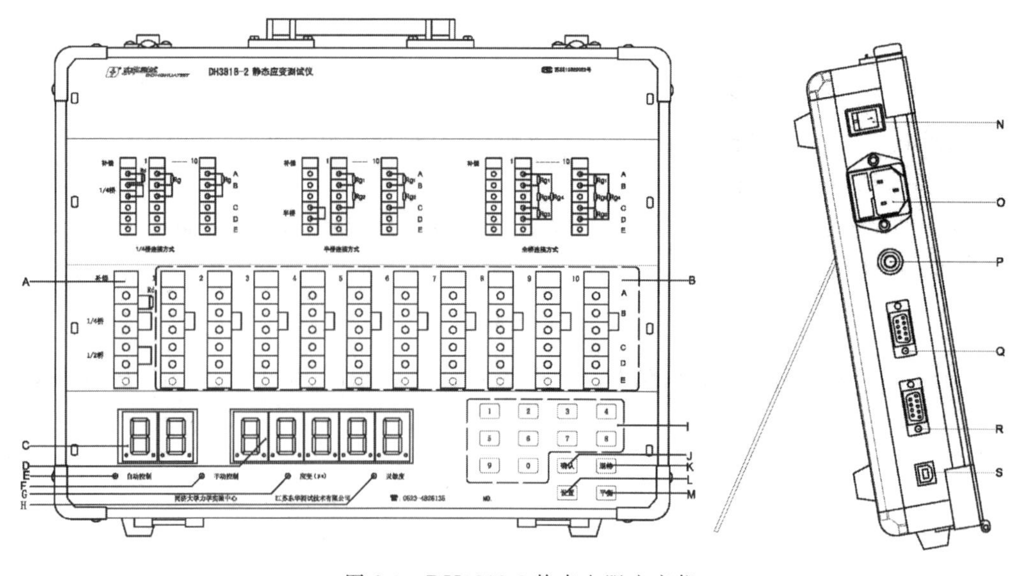

图 2-3　DH3818-2 静态电阻应变仪

示器显示测点编号，中间 5 位显示应变值(显示应变的量为 $\mu\varepsilon$ 即 10^{-6} 应变)，右侧为一组小键盘用来输入欲测量点的编号和修改灵敏系数。键盘分为数字键和确认、平衡、设置和退格 4 个功能键。

应变测量导线的连接，根据实验需要采用不同的桥路连接方式。以半桥连接为例，从接线图中，可以看到补偿接线柱上有一短接线，故在下面的补偿接线柱上要把金属铜片连上，其他 1—10 个测点接线柱没有短接线，金属铜片要断开。在 A，B 接线柱接测量应变片，B，C 接线柱接温度补偿应变片，有几个测点分别接几列接线柱，接好后用螺丝刀拧紧接线柱，防止松动引起接触不良。

应变仪灵敏系数的调整，由于电阻应变片生产厂家的不同及制造工艺的差异，每批应变片的灵敏度是不一样的，在测量时，仪器的灵敏系数要与应变片一致，才能得到正确的测量结果。设置方法是，若对所有 10 个点进行相同设置，时按“0”→“确认”→“设置”→ 输入灵敏系数 →“确认”即可。若对个别点进行设置时，按“测点号”→“确认”→“设置”→ 输入灵敏系数 →“确认”。由于键盘没有小数点，小数点是默认的如 2.05 只要输入 205 即可。

应变仪的初始电桥平衡，一般在试样或构件没有受力的情况下调整电桥的初始平衡，也就是使初始应变为零(调零)，若对所有 10 个点进行平衡时按“0”→“确认”→“平衡”即可。若对个别点进行平衡时按“测点号”→“确认”→“平衡”。

应变的测量，在上述电桥平衡后的基础上，对试样或构件加载后应变片会产生应变，按“测点号”→“确认”，显示屏上显示的即为该测点的应变值，正号表示拉应变，负号表示压应变，用同样方法测试其余各测点。

2.3 扭转实验

扭转实验是对杆件施加绕轴线转动的力偶矩，以测定其扭转变形和力学性能的试验，是材料力学的一项重要试验。

2.3.1 实验目的

1. 通过对低碳钢和铸铁这两种典型材料在扭转破坏过程的观察和对试验数据、断口特征的分析，了解它们的扭转力学性能特点。

2. 了解电子式扭转试验机的构造、原理和操作方法。

3. 利用电子式扭转试验机测定低碳钢扭转时的剪切屈服极限 τ_{sL}、剪切强度极限 τ_b 和单位扭角 θ，以及测定铸铁扭转时的剪切强度极限 τ_b 和单位扭角 θ。

2.3.2 试样

1. 试样制备

本实验采用圆形试样，直径为 10mm，夹持头部根据试验机夹头结构而定，如图 3-1 所示。

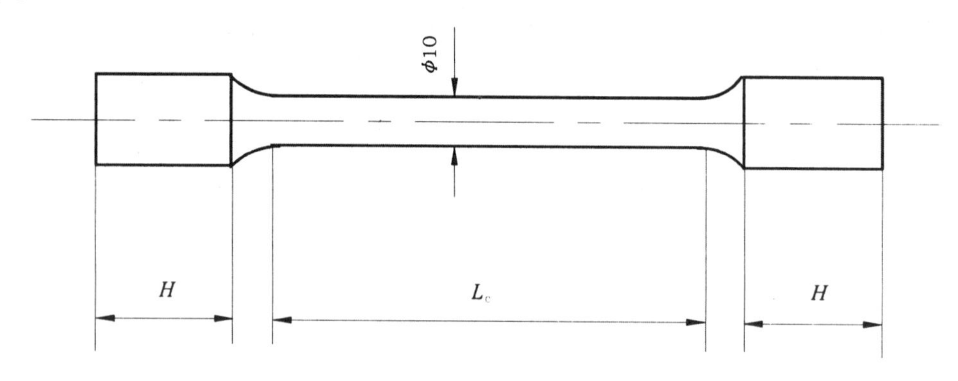

图 3-1 扭转试样

2. 试样直径测量

取试样标距的两端和中间共 3 个截面，每个截面在相互垂直的方向各量取一次直径，取其算术平均值为平均直径，取 3 个截面中最小的平均直径作为被测试样的原始直径。

2.3.3 实验原理

1. 电子式扭转试验机

电子式扭转试验机由主机和计算机系统所组成，如图 3-2 所示。

电子式扭转试验机主机由加载机架、测力单元、显示器、试验机附件等组成(图 3-2)。试样安装在旋转夹头 1 和固定夹头 2 之间，安装在导轨 4 上的加载机构，由伺服电机 5 的带动，通过减速器 6 使夹头 1 旋转，对试样施加扭矩。试验机的正反加载和停车，可按液晶屏 7 上面的标志按钮进行操作。测力单元，通过与固定夹头相连的扭矩传感器 3 输出电信号，在液晶

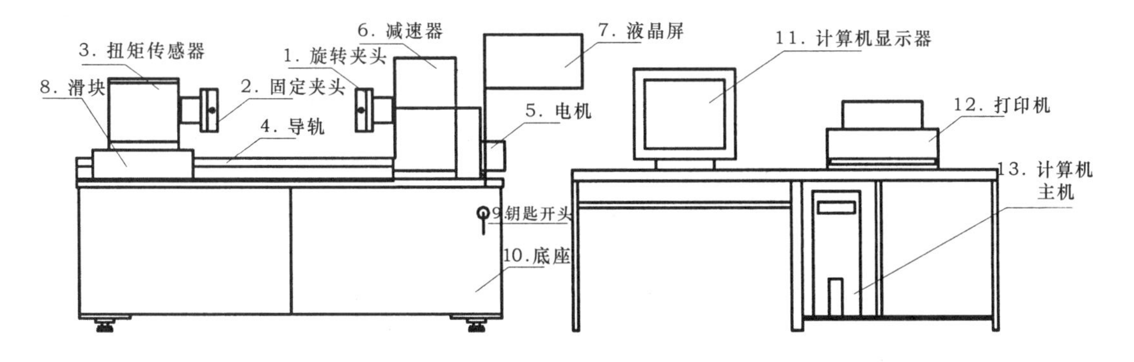

图 3-2　电子式扭转试验机

屏 7 和计算机上同步显示出来，并保存于计算机中。

2. JS-1 型测定剪切弹性模量 G 实验装置

该装置是用来验证剪切胡克定律和测定剪切弹性模量 G 的。它由两部分组成，第一部分是加力部分，结构如图 3-3 所示。试样 1 安装在两支座 2 之间，一端固定，一端可转动，可转动端与一臂长为 H 的水平加力杆 3 固定，加力杆另一端有砝码吊盘 5，可置砝码 4 加载荷 P，因此，试样扭矩 $T = PH$。第二部分是装在试样上的千分表测扭角仪，其结构如图 3-4 所示。它由 2 个夹具 6，8 和 1 个千分表 7 组成，2 个夹具可安装在试样相距为标距 l_0 的 2 个截面处，并在至试样轴线距离为 h 处各伸出与试样平行的传递杆 10，11，两传递杆位置重叠，一杆安装固定千分表 7，一杆具有垂直千分表测杆的平面挡板 9。测杆顶端与平面挡板保持接触，当夹具随试样相对转动 $\Delta\phi$ 角时，两传递杆间发生 $f\Delta s = h\Delta\phi$ 的相对位移，并被千分表测出。我们即可从千分表读数增量 Δs 和放大敏感度 $f = 0.001\text{mm}/$ 格，推算出试样标距 l_0 之间的扭角增量。

$$\Delta\phi = \frac{f\Delta s}{h} \tag{a}$$

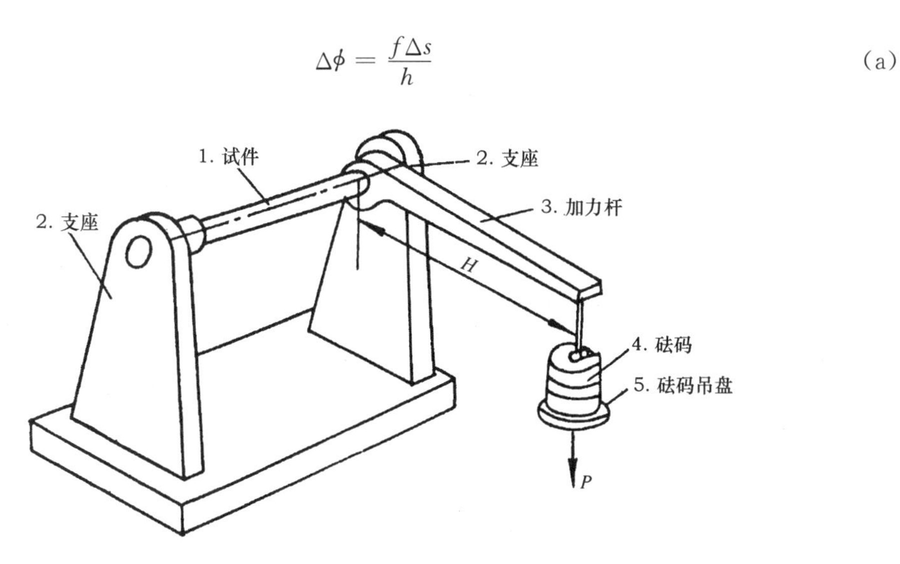

图 3-3　JS-1 型测 G 加力架

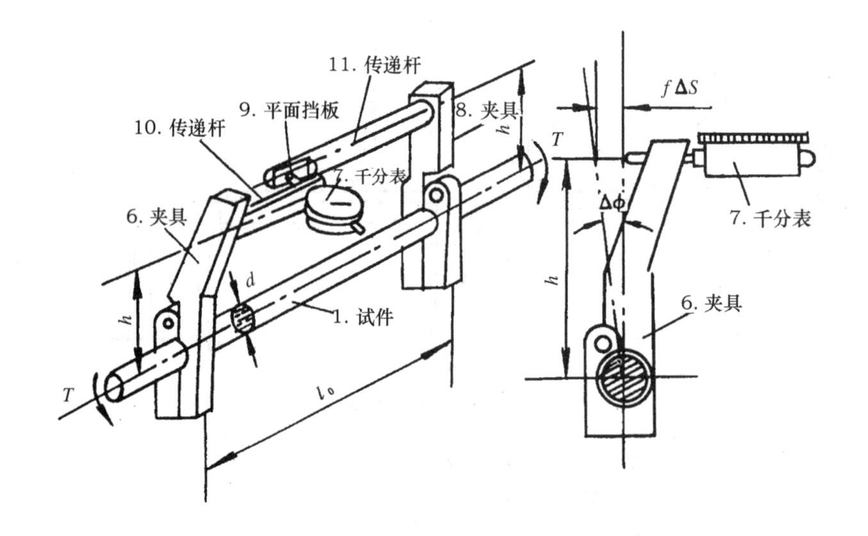

图 3-4　千分表扭角仪结构和原理

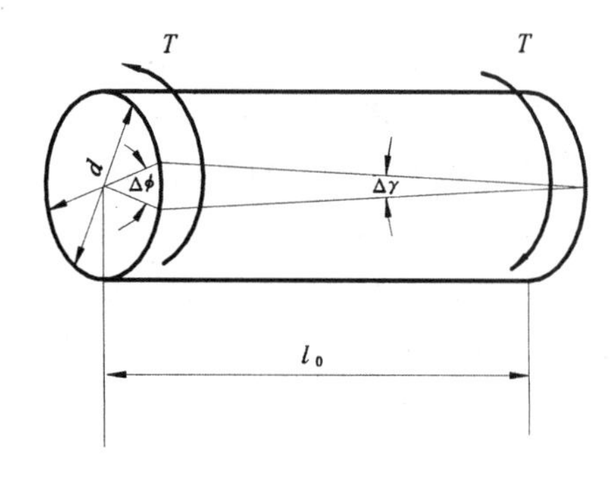

图 3-5　扭角 ϕ 与切应变 γ 的关系

由图 3-5 可看出，切应变

$$\Delta\gamma = \frac{\Delta\phi R}{l_0} \tag{b}$$

将式(a) 代入式(b)，即得

$$\Delta\gamma = \frac{f\Delta sR}{hl_0} = \frac{f\Delta sd}{2hl_0} \tag{3-1}$$

3. 剪切应变片和切应变 γ 的确定

在前面 2.2 节已经介绍了电阻应变片的电测原理，我们知道，电阻应变片可测定线应变，而切应变是不能直接测得的，但线应变可以通过理论推导转换成切应变。

当试样受扭转时，表面处单元体为纯剪切状态，其主拉应力(应变) 和主压应力(应变) 方向分别与试件轴线成 $+45°$ 和 $-45°$，且绝对值相等。单元体如图 3-6 所示。

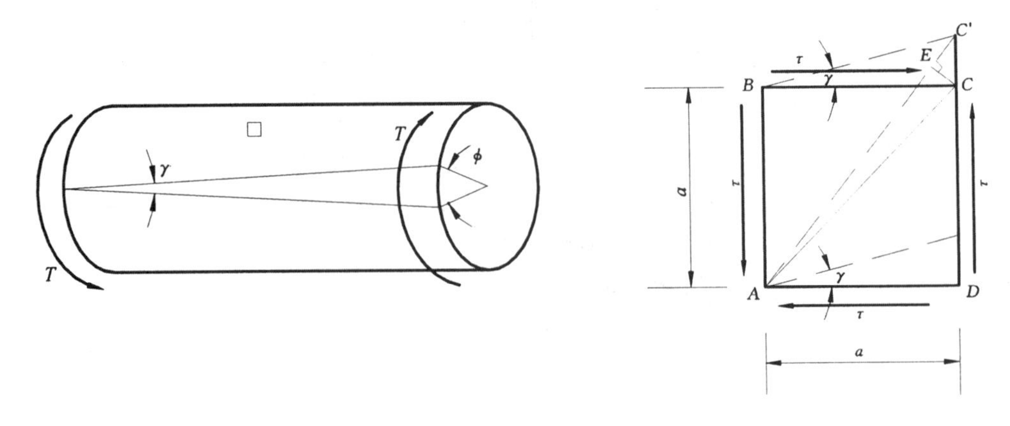

图 3-6　线应变 ε_1 与切应变 γ 的转换

由应变定义，对角线 AC 的线应变为

$$\varepsilon_1 = \frac{AC' - AC}{AC} = \frac{C'E}{AC}$$

由于 $$C'E = CC'\sin 45^\circ = CC'\frac{\sqrt{2}}{2}$$

而 $$CC' = a\gamma$$

于是 $$C'E = a\gamma\frac{\sqrt{2}}{2}$$

又由于 $AC = a\sqrt{2}$

所以 $\varepsilon_1 = \dfrac{\gamma}{2}$

即 $$\gamma = 2\varepsilon_1 \tag{3-2}$$

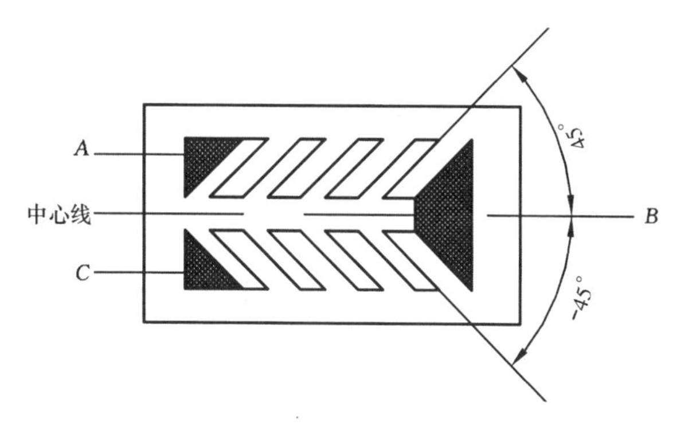

图 3-7　剪切应变片

由此可见，只要测得与试样轴线成 45° 方向的线应变 ε_1，就能确定试样受扭后的切应变 γ。为此，专门设计了测定切应变的电阻应变片，其结构如图 3-7 所示。实际上，该电阻应变片是由电阻丝与中心线成 ±45° 的 2 片应变片合成。粘贴时，应变片的中心线与试样轴线平行，2 片应变片的电阻丝方向各与主拉（压）应力（应变）方向一致，以能直接测得主线应变 ε_1，ε_3。

2.3.4　扭转力学性能试验定义[①]

剪切弹性模量 G（切变模量 G）—— 剪应力（切应力）与剪应变（切应变）成线性比例关系范围内的切应力与切应变之比，即

$$G = \frac{\tau}{\gamma} \tag{3-3}$$

剪切屈服极限 τ_s（屈服点（扭转）τ_s）—— 扭转试验中，扭角增大而扭矩不增加（保持恒定）时，按弹性扭转公式计算的切应力

$$\tau_s = \frac{T_s}{W_t} \tag{3-4}$$

式中　W_t —— 抗扭截面系数，$W_t = \dfrac{\pi d^3}{16}$；

τ_{sL}（下屈服点（扭转）τ_{sL}）—— 剪切下屈服极限。以屈服阶段的最小扭矩，按弹性扭转公式计算的切应力

① 本节提出的性能术语定义，均按国家标准 GB/T 10128—2007，GB/T 10623—2008 的论点叙述，与课本上有所差异，但名称仍按课本给出，其后括号内，则注出国家标准规定的术语。

$$\tau_{sL}=\frac{T_{sL}}{W_t} \tag{3-5}$$

τ_b（扭转强度 τ_b）—— 剪切强度极限。试样扭断前承受的最大扭矩，按弹性扭转公式计算的切应力

$$\tau_b=\frac{T_b}{W_t} \tag{3-6}$$

τ_{tb}（扭转强度 τ_{tb}）—— 真实剪切强度极限。试样扭断前承受的最大扭矩，按刘德维克 - 卡尔曼公式计算的切应力。

如上所述，名义扭转应力如 τ_{sL}，τ_b 等，是按弹性扭转公式计算，它是假设试件横截面上的切应力为线性分布，外表面最大，形心为零，这在线弹性阶段是对的，如图 3-8(b) 所示，当

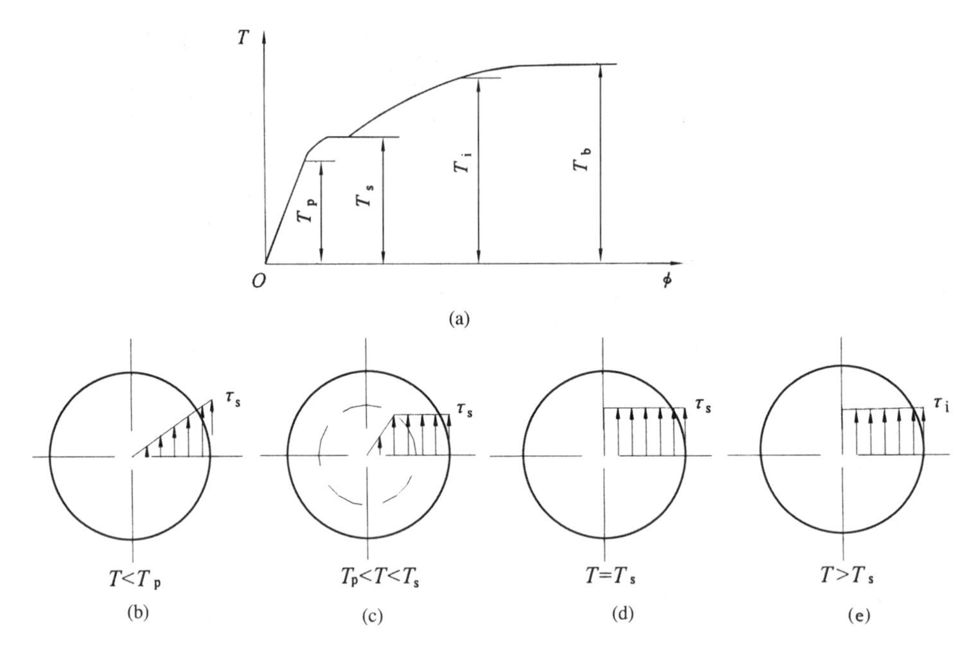

图 3-8　扭转试件在不同扭矩下截面应力分布

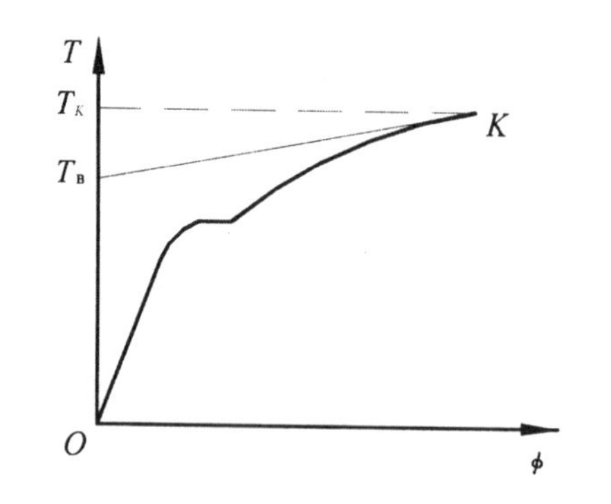

图 3-9　真实剪切强度极限 τ_{tb} 图解法测定

超过此阶段，处于塑性扭转时，塑性变形向中心区扩展，此时，截面应力分布不再呈线性，如图 3-8(c)，(d)，(e) 所示。如果仍用线弹性扭转理论计算扭转应力，严格地讲是不合理的，所以，有时要计算真实扭转应力。

实际测定 τ_{tb} 时，可采用图解法，见图 3-9。自动记录系统记录了某材料的 T-ϕ 曲线，在断裂点 K 处作该点曲线的切线，并交扭矩 T 轴于 T_B，取 K 点扭矩 T_K 和 T_B，由下列公式计算：

$$\tau_{tb} = \frac{1}{4W_t}(4T_K - T_B) \tag{3-7}$$

一般情况下，低碳钢断裂点 K 处曲线为水平线，$T_B \approx T_K = T_b$，由式(3-7)可推得 $\tau_{tb} = \frac{3}{4} \times \frac{T_b}{W_t}$。实际上，从图3-8(e)横截面的切应力分布图上看，整个截面上各点的应力近似相同，在断裂点为 τ_{tb}，用静力平衡关系同样可推出下式：

$$T_b = \int_A \tau_{tb} \rho \mathrm{d}A = \tau_{tb} \int_A \rho \mathrm{d}A = \frac{4}{3} \tau_{tb} W_t$$

故有

$$\tau_{tb} = \frac{3}{4} \times \frac{T_b}{W_t}$$

低碳钢的屈服阶段，也有类似情况。真实剪切屈服极限为

$$\tau_{ts} = \frac{3}{4} \times \frac{T_s}{W_t}$$

对于铸铁等脆性材料，试样受扭直至破坏，其 T-ϕ 线并非一直线，但可近似地看作为一直线，因此，剪切强度极限 τ_b 仍用

$$\tau_b = \frac{T_b}{W_t}$$

2.3.5 实验步骤

1. 扭转破坏实验

(1) 打开扭转试验机电源开关，按操作盘上5键，清零。

(2) 打开电脑，双击桌面扭转机图标，输入用户名、密码。

(3) 安装试样并加套管用力扳紧试样，在扳紧和放松试样时应注意手的安全。

(4) 录入试验参数，按录入图标，点试样组编号，按增加扭，输入试验参数后，按保存。

(5) 点击刚输入的组编号，按增加钮，输入试样参数。建议在试样序号栏输入：1低碳钢、2铸铁，机器按序号顺序试验。输完后按保存并退出。

(6) 开始试验，点击试验图标，按联机钮，选中要测量的参数，输入完后按试验开始钮。

(7) 打印结果，返回主界面后，按分析打印图标，选择试样组号，按检索钮，选中要分析的试样编号，预览并打印结果。

2. 测剪切弹性模量 G

本实验在JS-1剪切弹性模量实验装置上进行。加载采用分级增量法，每级增加10N，共加至40N。每加一级载荷，测读一次读数，重复进行3次。

(1) 电测法测剪切弹性模量 G

试样的相对两边，各粘贴好一片剪切应变片，方向按前述要求，每片各有承受主拉应力和主压应力的2个敏感栅，可与应变仪接成半桥自补偿桥路或全桥自补偿桥路。

根据试样受扭方向，判断4个敏感栅是受拉还是受压。当用半桥方式时，装好应变仪半桥连接片，把受拉片接入 AB，受压片接入 BC；当用全桥方式时，拆除连接片，把2个受拉片接入 AB，CD，受压片接入 BC，DA。桥路接好后，调整灵敏系数，预调平衡，即可加载测量。

因为主拉应变和主压应变绝对值相等，符号相反，所以，从本书 2.2 节所述电测原理的式(2-9) 可推知：

半桥方式时　$\varepsilon_{ds} = 2\varepsilon_1$

全桥方式时　$\varepsilon_{ds} = 4\varepsilon_1$

代入式(3-2)，则得到欲求切应变分别如下：

半桥方式时　$$\gamma = \varepsilon_{ds} \quad 或 \quad \Delta\gamma = \Delta\varepsilon_{ds} \tag{3-8a}$$

全桥方式时　$$\gamma = \frac{\varepsilon_{ds}}{2} \quad 或 \quad \Delta\gamma = \frac{\Delta\varepsilon_{ds}}{2} \tag{3-8b}$$

(2) 扭角仪测剪切弹性模量 G

按前述要求装好扭角仪。先读取千分表初读数 s(或归零)，然后加载，读取相应各级读数。

前面已推导过式(3-1)，切应变增量为

$$\Delta\gamma = \frac{f\Delta sd}{2hl_0} \tag{3-9}$$

(3) 剪切弹性模量计算

求出各级读数增量的平均值，利用式(3-1)、式(3-8) 得到各级增量下的平均切应变增量$\overline{\Delta\gamma}$，再根据试样尺寸和载荷增量，算得各级增量的切应力增量 $\Delta\tau$，最后，代入剪切胡克定律，求得剪切弹性模量 G。

2.3.6　思考题

1. 如木材或竹材制成纤维平行于轴线的圆截面试件，受扭转时试件将如何破坏？
2. 比较低碳钢扭转和拉伸的实验，二者试件材料破坏过程有何差异？

2.4 梁弯曲正应力实验

2.4.1 实验目的

1. 测定钢梁纯弯曲段横截面上的正应力大小及分布规律,并与理论值比较,以验证弯曲正应力公式。

2. 了解应变电测原理,学会静态电阻应变仪的使用(详见 2.2 节应变电测原理简介)。

2.4.2 实验设备

1. 纯弯曲梁实验装置一套(图 4-1)。

2. DH3818-2 静态电阻应变仪一台。

2.4.3 实验原理和装置

弯曲梁实验装置如图 4-1 所示。它由弯曲梁、定位板、支座、试验机架、加载系统、两端万向接头的加载拉杆、加载压头(包括 $\Phi16$ 的钢珠)、加载横梁、载荷传感器和测力仪等组成。该装置的弯曲梁是一根已粘贴好应变片的钢梁,其弹性模量 $E = 2.0 \times 10^5$ MPa。实验时,转动手轮加载至 P 力时,钢梁的 B 和 C 处分别受到垂直向下的力,大小均为 $P/2$。由剪力图得到 BC 段剪力为零,故 BC 段梁为纯弯曲段,弯矩为 $M = Pa/2$,梁的受力图、剪力图及弯矩图如图 4-2 所示。

由理论推导得出梁纯弯曲时横截面上的正应力公式为

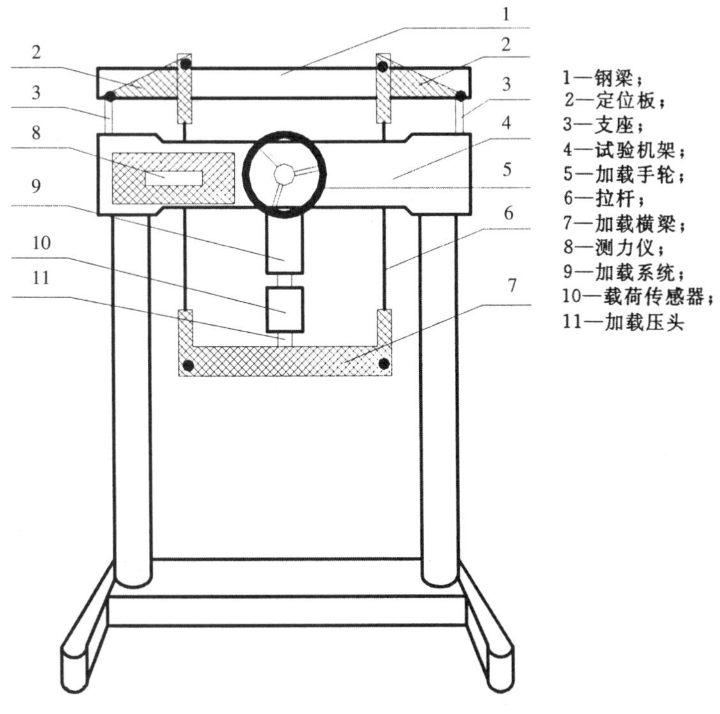

图 4-1　纯弯曲梁试验装置

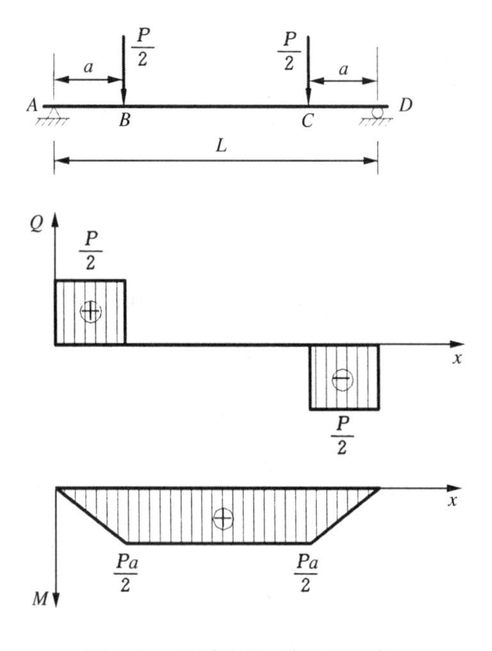

图 4-2　梁受力图、剪力图及弯矩图

$$\sigma_{理} = \frac{M}{I_z} y \qquad (4\text{-}1)$$

式中　M—— 横截面上的弯矩；

I_z—— 梁横截面对中性轴 z 的惯性矩；

y—— 需求应力的测点离中性轴的距离。

为了验证此理论公式的正确性，在梁纯弯曲段的侧面，沿不同的高度粘贴了电阻应变片，测量方向均平行于梁轴，布片方案及各片的编号见图 4-3 所示。当梁加载变形时，利用电阻应变仪测出各应变片的应变值，然后根据单向应力状态的胡克定律求出各点实测的应力值：

$$\sigma_{实} = E\varepsilon_{实} \qquad (4\text{-}2)$$

式中　E—— 钢梁的弹性模量；

$\varepsilon_{实}$ —— 电阻应变仪测量的应变值。

将测得的应力值与理论应力值进行比较，从而验证弯曲正应力公式的正确性。

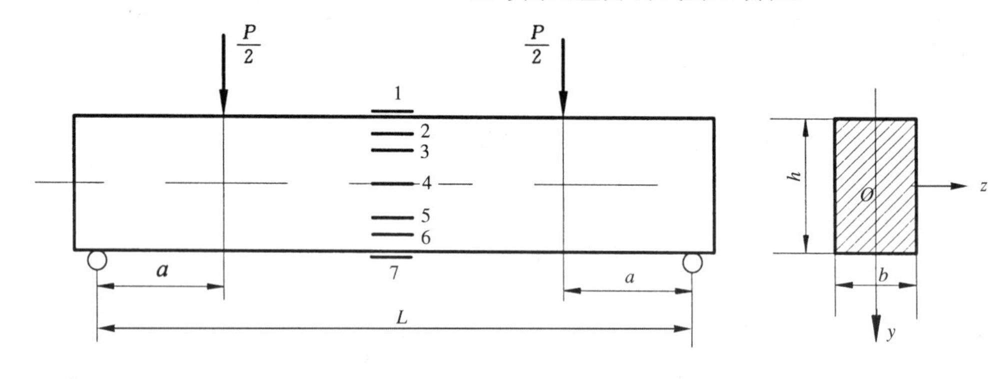

图 4-3　应变片分布图

有关电阻应变片的结构和工作原理可详见本书 2.2 节。

由于式(4-1)、式(4-2)适用于比例极限以内，故梁的加载必须在此范围内进行。为了随时观察变形与载荷的线性关系，实验时第一次采用增量法加载，即每增加等量载荷 ΔP，测读各点的应变 1 次，观察各次的应变增量是否也基本相同。然后，再重复加载从零至最终载荷 2 次，以便了解重复性如何。由于应变片是按中性层上下对称布置的，因此，在每次加载、测读应变值后，还可以分析其对称性，最后，取 3 次最终载荷所测得的应变平均值计算各点的应力值 $\sigma_{实}$。

本实验用电测法测量应变，采用半桥温度外补偿接法，如图 4-4 所示。因是多点测量，且 7 个测量点的温度条件相同，为方便测量，7 片测量片共用 1 片温度补偿片，即公共补偿的办法。

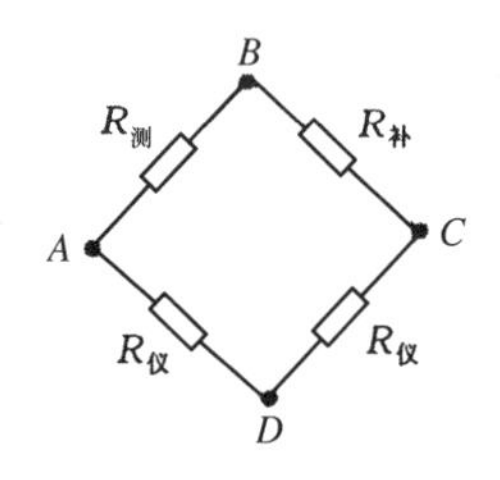

图 4-4　半桥测量法

2.4.4 实验步骤

1. 记录钢梁的截面尺寸

宽度 $b=20\text{mm}$，高度 $h=40\text{mm}$，跨度 $L=620\text{mm}$，加载点到支座距离 $a=150\text{mm}$。钢梁的材料为低碳钢，其弹性模量 $E=2.0\times10^5\text{MPa}$。

2. 应变仪准备

(1) 接通 DH3818-2 型静态电阻应变仪电源，仪器面板上显示屏点亮。

(2) 导线连接，钢梁上贴有 7 片应变片(测量片)，引出导线依次接在应变仪 1—7 点的"AB"接线柱上，一片补偿片的两根引出导线接在补偿接线柱上作公共补偿。

(3) 调整应变仪灵敏系数，对所有测点设置相同的灵敏系数时，按"0"→"确认"→"设置"→输入灵敏系数→"确认"(小数点自动默认)。

(4) 电桥平衡，先将测力仪载荷调整至零，再调整电桥平衡。对所有测点平衡时按"0"→"确认"→"平衡"，仪器会自动平衡各测点。

3. 加载测量

本实验采用转动手轮加载的方法，载荷大小由与载荷传感器相连接的测力仪显示。每增加载荷增量 ΔP，通过 2 根加载拉杆，使得钢梁距两端支座各为 a 处分别增加作用力 $\frac{\Delta P}{2}$。缓慢转动手轮均匀加载，每增加一级载荷，记录一次钢梁横截面上各测点的应变读数一次，测量时按测点号→"确认"，显示的即为该测点的应变值，相同方法测量其余各测点。观察各次的应变增量是否基本相同。然后，再重复加载从零至最终载荷 2 次，最后取 3 次最终载荷所测得的各点的应变平均值计算各点的实测应力。

2.4.5 注意事项

1. 不要随意拉动导线或触碰钢梁上的电阻应变片。
2. 应变仪在平衡前请将测力仪载荷调整至零。
3. 为防止试件过载，手轮加载时不要超过 5kN。
4. 实验结束后，先卸除梁上荷载，再关闭测力仪和应变仪电源。

2.4.6 预习要求

1. 认真阅读 2.2 节应变电测原理简介。了解杆件产生的应变 ε 通过应变仪测量的转换过程。
2. 了解本次实验的目的和实验的具体内容。

2.4.7 思考题

1. 在图 4-3 中第 2,3,4,5,6 应变片粘贴位置稍上一点或稍下一点对测量结果有无影响?为什么?
2. 胡克定律 $\sigma=E\varepsilon$ 是在拉伸的情况下建立的，这里计算弯曲应力时为什么仍然可用?

2.5　弯曲与扭转组合变形实验

2.5.1　实验目的

1. 学习用电测法测定平面应力状态下一点处主应力的大小及方向的方法。

2. 测定薄壁圆管在弯曲、扭转及弯扭组合变形情况下表面任一点处的主应力大小和方向。

3. 测定薄壁管某截面内由弯矩、剪力、扭矩分别引起的应变及剪切弹性模量 G。

2.5.2　实验装置与仪器

1. 由薄壁管 ab(已粘贴好应变片)、加力杆 bc、钢索、传感器、加载手轮、座体及数字测力仪等组成的弯扭组合变形实验装置一套(图 5-1)。

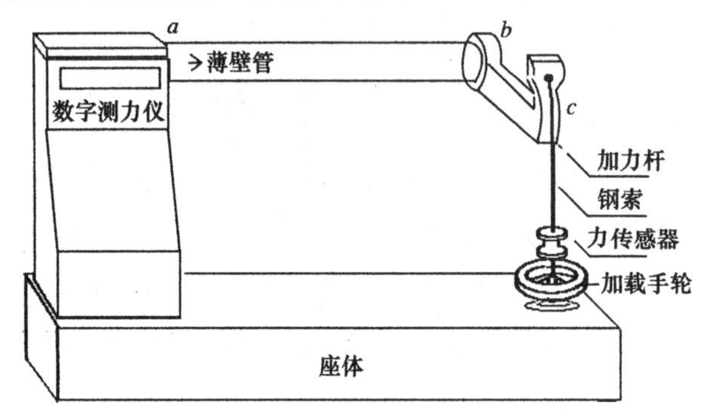

图 5-1　弯扭组合变形实验装置

2. 静态电阻应变仪一台

实验时,逆时针转动加载手轮,逐渐收紧的钢索对加力杆端点 c 施加向下的力,传感器和薄壁管均受载荷作用。传感器受载荷作用后,就有信号输给数字测力仪,此时,数字测力仪显示的数字即为作用在加力杆端的载荷值,加力杆端的作用力传递至薄壁管上,薄壁管产生弯扭组合变形。薄壁管受组合变形后,粘贴其上的应变片就有应变输出,用应变仪即可检测到。

薄壁管为铝合金材料,其弹性模量为 $E=7\times10^4$ MPa,泊松比 $\mu=0.33$。薄壁管截面尺寸见图 5-2(a),图 5-2(b) 为薄壁管受力简图和有关尺寸。本设备选取 Ⅰ－Ⅰ 截面为测试截面(实验者也可以选取其他截面),并取 4 个被测点,位置见图 5-2(a) 所示的 A,B,C,D。在每个被测点上粘贴一枚由互成 45° 角(－45°,0°,45°) 的 3 片应变片组成的应变花,如图 5-3 所示,共计 12 片应变片,供不同实验选用。该实验装置手轮逆时针转动为加载,顺时针转动为卸载,最大试验载荷为 450N,超载会损坏薄壁管和传感器。

2.5.3　基本原理

1. 理论分析

当竖向载荷 P 作用在加力杆 c 点时,试件 ab 发生弯曲与扭转组合变形(图 5-2),A,B,C,D 点所在截面的内力(图 5-3(a)) 有弯矩 M、剪力 Q 和扭矩 M_T。因此,该横截面上同时存在弯曲引起的正应力 σ_w,扭转引起的剪应力 τ_T(弯曲引起的剪应力比扭转引起的剪应力小

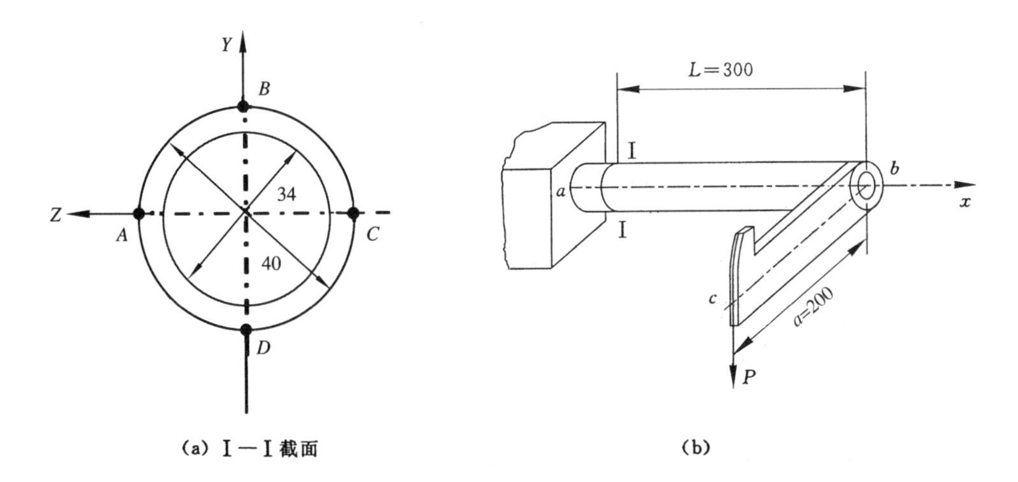

图 5-2　受力简图及尺寸

得多,故在此不予考虑)。根据弯矩引起的正应力和扭转引起的剪应力在该截面上的分布规律,从 A,B,C,D 四点截取单元体,其各面上作用的应力如图 5-3(b) 所示,其中

$$\sigma_{\mathrm{w}}=\frac{M}{W}=\frac{PL}{\frac{\pi D^{3}}{32}\left[1-\left(\frac{d}{D}\right)^{4}\right]},\quad \tau_{\mathrm{T}}=\frac{M_{\mathrm{T}}}{W_{\mathrm{T}}}=\frac{Pa}{\frac{\pi D^{3}}{16}\left[1-\left(\frac{d}{D}\right)^{4}\right]}$$

显然,A,B,C,D 四点均处于平面应力状态。根据应力状态理论,该 4 点的主应力大小和方向由以下两式决定:

$$\begin{matrix}\sigma_1\\ \sigma_3\end{matrix}=\frac{\sigma_{\mathrm{w}}}{2}\pm\sqrt{\left(\frac{\sigma_{\mathrm{w}}}{2}\right)^{2}+\tau_{\mathrm{T}}^{2}} \tag{5-1}$$

$$\tan 2\alpha_0=-\frac{2\tau_{\mathrm{T}}}{\sigma_{\mathrm{w}}} \tag{5-2}$$

2. 测试原理

为了用实验的方法测定薄壁圆管弯曲和扭转时表面上一点处的主应力大小和方向,首先要在该点处测量应变,确定该点处的主应变 $\varepsilon_1,\varepsilon_3$ 的数值和方向,然后利用广义胡克定律算得主应力 σ_1,σ_3。根据应变分析原理,要确定一点处的主应变,需要知道该点处沿 x,y 2 个相互垂直方向的 3 个应变分量 $\varepsilon_x,\varepsilon_y,\gamma_{xy}$。由于在实验中测量剪应变很困难,而用电阻应变片测量线应变比较方便,所以,通常采用测量一点处沿着与轴成 3 个已知方向的线应变 $\varepsilon_a,\varepsilon_b$,$\varepsilon_c$ 的方法,如图 5-4 所示,按下列方程组联立求得:

$$\left.\begin{aligned}\varepsilon_a&=\varepsilon_x\cos^2\alpha_a+\varepsilon_y\sin^2\alpha_a-\gamma_{xy}\sin\alpha_a\cos\alpha_a\\ \varepsilon_b&=\varepsilon_x\cos^2\alpha_b+\varepsilon_y\sin^2\alpha_b-\gamma_{xy}\sin\alpha_b\cos\alpha_b\\ \varepsilon_c&=\varepsilon_x\cos^2\alpha_c+\varepsilon_y\sin^2\alpha_c-\gamma_{xy}\sin\alpha_c\cos\alpha_c\end{aligned}\right\} \tag{5-3}$$

为了简化计算,往往采用互成特殊角度的 3 片应变片组成的应变花,本实验用了 45° 应变花,将其粘贴在测点 A,B,C,D 处(图 5-3),通过电阻应变仪就可测得这些点处沿与 x 轴成 $-45°,0°,45°$ 三个方向的线应变 $\varepsilon_{-45°},\varepsilon_{0°},\varepsilon_{45°}$,代入方程式(5-3),得应变分量分别为

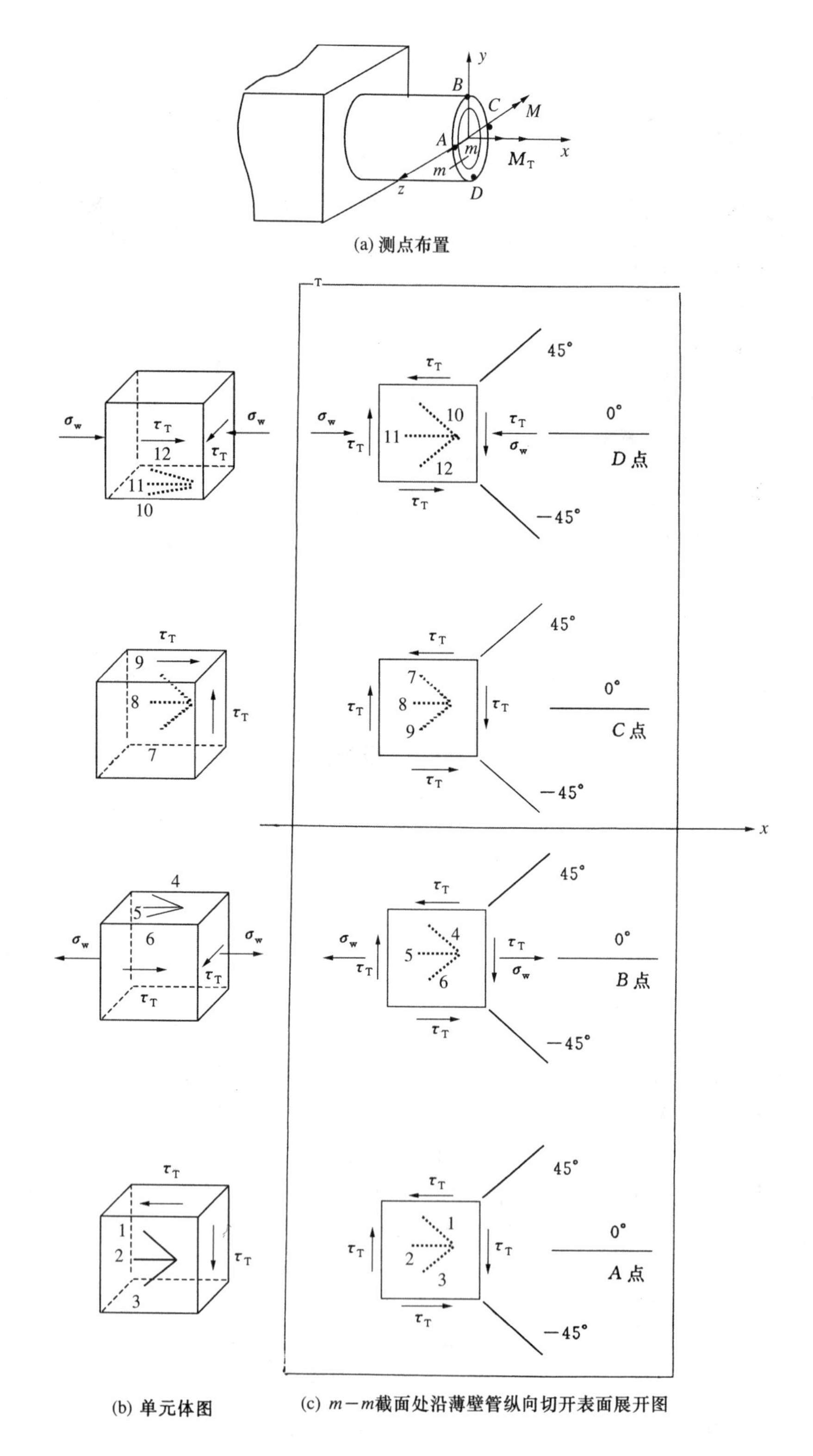

(a) 测点布置

(b) 单元体图

(c) $m-m$截面处沿薄壁管纵向切开表面展开图

图 5-3　测点位置,应力单元体及应变片粘贴位置

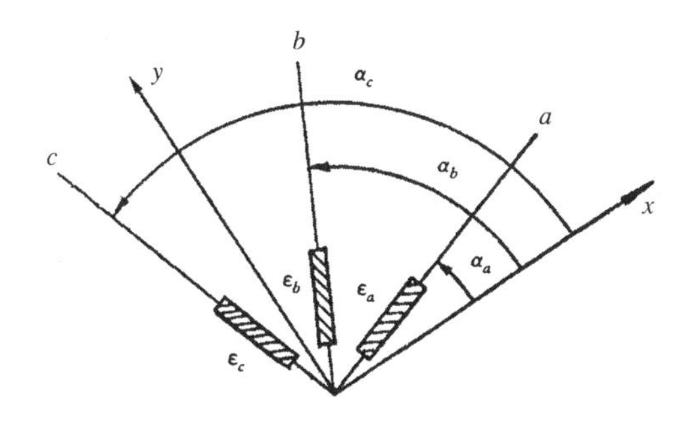

图 5-4　应变花粘贴位置

$$\varepsilon_x = \varepsilon_{0^\circ}, \ \varepsilon_y = \varepsilon_{-45^\circ} + \varepsilon_{45^\circ} - \varepsilon_{0^\circ}, \quad \gamma_{xy} = \varepsilon_{-45^\circ} - \varepsilon_{45^\circ} \tag{5-4}$$

主应变的数值为

$$\begin{aligned} \frac{\varepsilon_1}{\varepsilon_3} &= \frac{\varepsilon_x + \varepsilon_y}{2} \pm \sqrt{\left(\frac{\varepsilon_x - \varepsilon_y}{2}\right)^2 + \left(\frac{\gamma_{xy}}{2}\right)^2} \\ &= \frac{\varepsilon_{-45^\circ} + \varepsilon_{45^\circ}}{2} \pm \sqrt{\left[\frac{2\varepsilon_{0^\circ} - (\varepsilon_{45^\circ} + \varepsilon_{-45^\circ})}{2}\right]^2 + \left(\frac{\varepsilon_{-45^\circ} - \varepsilon_{45^\circ}}{2}\right)^2} \end{aligned} \tag{5-5}$$

主应变的方向

$$\tan 2\alpha_0 = -\frac{\gamma_{xy}}{\varepsilon_x - \varepsilon_y} = \frac{\varepsilon_{45^\circ} - \varepsilon_{-45^\circ}}{2\varepsilon_{0^\circ} - (\varepsilon_{-45^\circ} + \varepsilon_{45^\circ})} \tag{5-6}$$

注意：α_0 为 x 轴到主应变方向的夹角，以逆时针转向为正。

利用广义胡克定律可得主应力的大小为

$$\begin{aligned} \sigma_1 &= \frac{E}{1-\mu^2}(\varepsilon_1 + \mu\varepsilon_3) \\ \sigma_3 &= \frac{E}{1-\mu^2}(\varepsilon_3 + \mu\varepsilon_1) \end{aligned} \tag{5-7}$$

主应力方向与主应变方向一致。

2.5.4　实验步骤

1. 接线

将 B，D 测点 2 组应变花的 6 个应变片的引出线按 B_{-45°，B_{0°，B_{45°，D_{-45°，D_{0°，D_{45° 的顺序分别接在 DH3818-2 型静态电阻应变仪的 1，2，3，4，5，6 测点的 A，B 接线柱上；将公共补偿片接到补偿接线柱上。

2. 预调平衡

打开静态电阻应变仪开关，检查灵敏系数的设置，然后按“0”→“确定”→“平衡”，使各测点的电桥处于平衡状态，平衡前请将载荷先调整至零。

3. 加载测量

(1) 逆时针转动加载手轮对试件加载(数字测力仪显示的数字即为作用在加力杆端的载荷值，单位：kN) 分级加载，初始载荷为 0N，以后每级加载 150N，记录相应各测点的应变值，直至最大荷载为 450N 为止。

(2) 卸载至 0，重新调整电桥平衡，再由 0 直接加载至 450N，记录相应各测点的应变值。重复 2 次。

(3) 取以上 3 次 $P=450\text{N}$ 时实测应变的平均值计算 B，D 两点处主应力的大小和方向。

2.5.5 注意事项

本实验装置能承受的最大载荷为 500N，不要超载，否则会损坏薄壁管和传感器。

2.5.6 思考题

1. 主应力测量中，应变花是否可沿任意方向粘贴？

2. 试用测点 A，B，C，D 的 4 组应变花的 12 个应变片，来制订测试各测点的主应变与主应力值的测试方案。

2.6　电阻应变片的接桥方法实验

2.6.1　实验目的

进一步熟悉电阻应变仪的使用和应变片的半桥、全桥、温度自补偿和外补偿的连接方法以及不同桥路间各应变的关系，学会用不同的接桥方法达到不同的测量目的。

2.6.2　实验仪器与装置

1. 静态电阻应变仪一台。

2. 等强度梁或弯扭组合变形实验装置一套。

等强度梁为一端固定、另一端自由的变截面悬臂梁，其任何截面上的正应力均相等。该装置的受力情况及应变片的粘贴方位如图 6-1 所示。当在悬臂端挂上砝码钩并加上砝码后，等强度梁的上表面的应变片 R_A 和 R_B 产生的应变值为 $\varepsilon_{弯}+\varepsilon_t$，下表面的应变片 R_A' 和 R_B' 产生的应变值为 $-\varepsilon_{弯}+\varepsilon_t$。

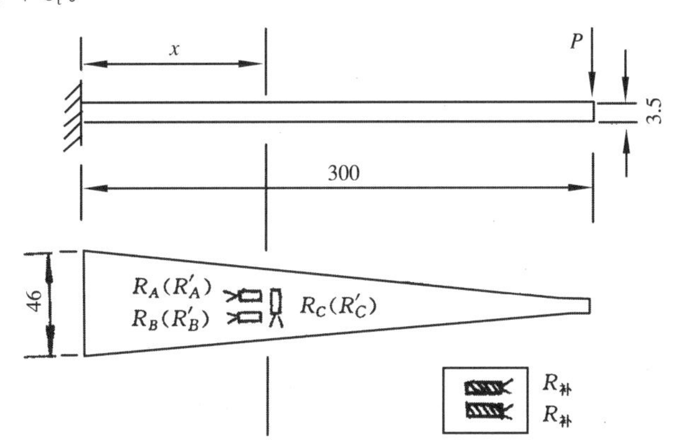

图 6-1　等强度梁实验装置的受力简图及应变片粘贴方位

弯扭组合变形实验装置的受力情况及应变片的粘贴方位见图 5-2(b)。由图 5-3 可得在弯扭组合变形的情况下各应变片感受的应变如下：

测点 B　　$\varepsilon_4=\varepsilon_{弯'}+\varepsilon_{扭}+\varepsilon_t$，　$\varepsilon_5=\varepsilon_{弯}+\varepsilon_t$，　$\varepsilon_6=\varepsilon_{弯'}-\varepsilon_{扭}+\varepsilon_t$

测点 D　　$\varepsilon_{10}=-\varepsilon_{弯'}+\varepsilon_{扭}+\varepsilon_t$，　$\varepsilon_{11}=-\varepsilon_{弯}+\varepsilon_t$，　$\varepsilon_{12}=-\varepsilon_{弯'}-\varepsilon_{扭}+\varepsilon_t$

2.6.3　实验原理

由 2.2 节中应变电测原理简介一节已知，应变仪读数与测量桥所测应变之间存在下列关系：

$$\varepsilon_{ds}=\varepsilon_{AB}-\varepsilon_{BC}+\varepsilon_{CD}-\varepsilon_{DA}$$

由上式可见，若将应变值各自独立、互不相关的 4 个测点的电阻应变片分别接入测量桥的 4 个桥臂，则电阻应变仪的读数只是这 4 个测点应变值的和差结果，无法从中分离出任一点的应变值，因此，往往采用半桥外补偿接法分别测量各点应变值。但若某些测点的应变值之间有确定的数量关系，就可以利用电桥的加减特性，将它们组成适当的桥路，一方面可以提高测量精度，另一方面还可以将组合变形进行分解，消除某些不需要测出的应变，而测取单一基本变形时相应的应变。例如，在进行等强度梁的实验时，采用下面的接桥方法：

1．半桥外补偿(用 R_A 或 R_B)

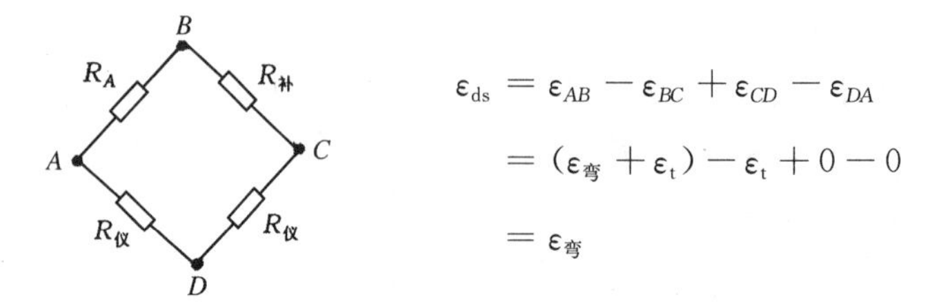

$$\begin{aligned}\varepsilon_{\mathrm{ds}} &= \varepsilon_{AB} - \varepsilon_{BC} + \varepsilon_{CD} - \varepsilon_{DA} \\ &= (\varepsilon_{\text{弯}} + \varepsilon_{\mathrm{t}}) - \varepsilon_{\mathrm{t}} + 0 - 0 \\ &= \varepsilon_{\text{弯}}\end{aligned}$$

2．半桥自补偿

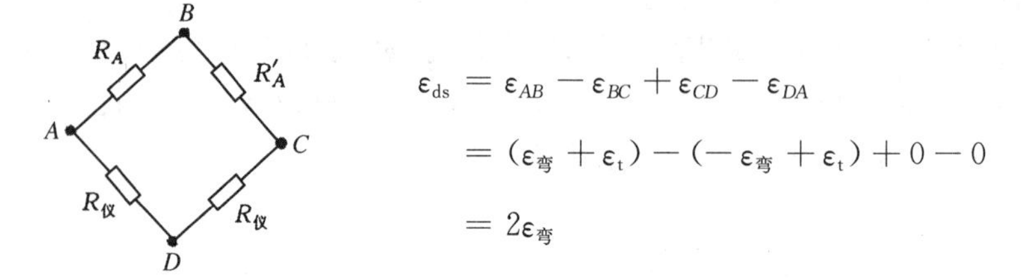

$$\begin{aligned}\varepsilon_{\mathrm{ds}} &= \varepsilon_{AB} - \varepsilon_{BC} + \varepsilon_{CD} - \varepsilon_{DA} \\ &= (\varepsilon_{\text{弯}} + \varepsilon_{\mathrm{t}}) - (-\varepsilon_{\text{弯}} + \varepsilon_{\mathrm{t}}) + 0 - 0 \\ &= 2\varepsilon_{\text{弯}}\end{aligned}$$

3．全桥自补偿

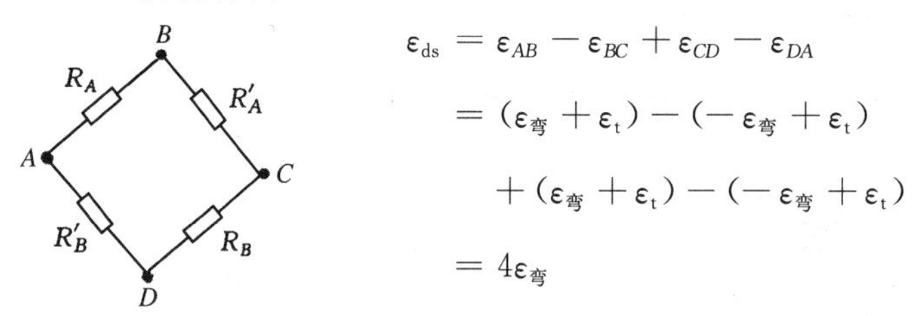

$$\begin{aligned}\varepsilon_{\mathrm{ds}} &= \varepsilon_{AB} - \varepsilon_{BC} + \varepsilon_{CD} - \varepsilon_{DA} \\ &= (\varepsilon_{\text{弯}} + \varepsilon_{\mathrm{t}}) - (-\varepsilon_{\text{弯}} + \varepsilon_{\mathrm{t}}) \\ &\quad + (\varepsilon_{\text{弯}} + \varepsilon_{\mathrm{t}}) - (-\varepsilon_{\text{弯}} + \varepsilon_{\mathrm{t}}) \\ &= 4\varepsilon_{\text{弯}}\end{aligned}$$

可见，接法2将弯曲应变放大到两倍显示，接法3则将弯曲应变放大到4倍显示，故提高了测量精度。

在进行弯扭组合变形实验时，若采用下面的接桥方法：

4．半桥自补偿(用测点 B)

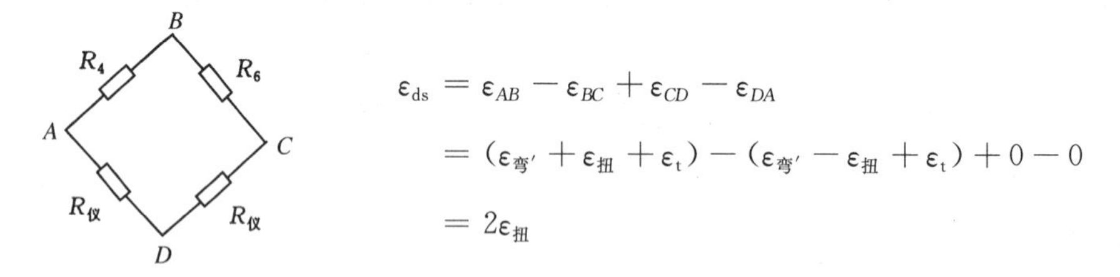

$$\begin{aligned}\varepsilon_{\mathrm{ds}} &= \varepsilon_{AB} - \varepsilon_{BC} + \varepsilon_{CD} - \varepsilon_{DA} \\ &= (\varepsilon_{\text{弯}'} + \varepsilon_{\text{扭}} + \varepsilon_{\mathrm{t}}) - (\varepsilon_{\text{弯}'} - \varepsilon_{\text{扭}} + \varepsilon_{\mathrm{t}}) + 0 - 0 \\ &= 2\varepsilon_{\text{扭}}\end{aligned}$$

5．全桥自补偿(用测点 B、D)

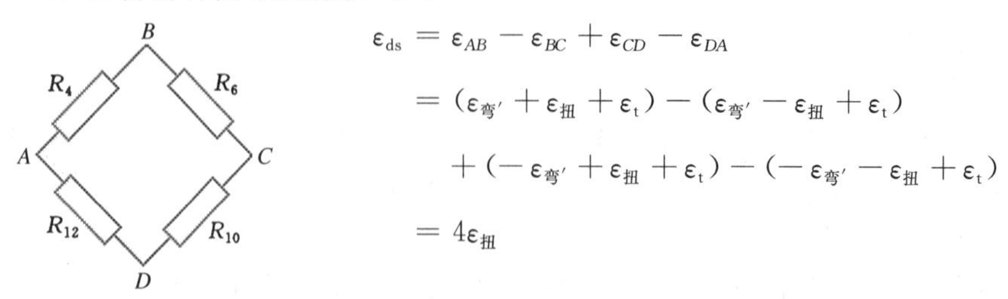

$$\begin{aligned}\varepsilon_{\mathrm{ds}} &= \varepsilon_{AB} - \varepsilon_{BC} + \varepsilon_{CD} - \varepsilon_{DA} \\ &= (\varepsilon_{\text{弯}'} + \varepsilon_{\text{扭}} + \varepsilon_{\mathrm{t}}) - (\varepsilon_{\text{弯}'} - \varepsilon_{\text{扭}} + \varepsilon_{\mathrm{t}}) \\ &\quad + (-\varepsilon_{\text{弯}'} + \varepsilon_{\text{扭}} + \varepsilon_{\mathrm{t}}) - (-\varepsilon_{\text{弯}'} - \varepsilon_{\text{扭}} + \varepsilon_{\mathrm{t}}) \\ &= 4\varepsilon_{\text{扭}}\end{aligned}$$

6. 半桥自补偿(用测点 B,D)

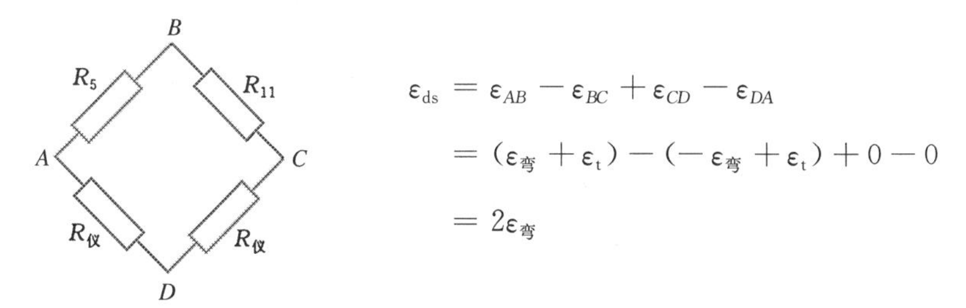

$$\begin{aligned}\varepsilon_{ds} &= \varepsilon_{AB} - \varepsilon_{BC} + \varepsilon_{CD} - \varepsilon_{DA} \\ &= (\varepsilon_{弯} + \varepsilon_{t}) - (-\varepsilon_{弯} + \varepsilon_{t}) + 0 - 0 \\ &= 2\varepsilon_{弯}\end{aligned}$$

很明显,在同样的受力情况下,采用不同的桥路连接,不仅可以提高测量精度,而且还可以将组合变形进行分解,分别测取与单一基本变形时相应的应变值,即在弯扭组合变形的情况下,可以达到消除由弯矩产生的应变只测取扭矩产生的应变或消除由扭矩引起的应变只测取弯矩产生的应变。

在实际应用中,我们就可以利用电桥的这种加减特性,消除某些应变分量,从而分离出我们需要测定的应变,然后根据胡克定律求得组合变形时某一内力分量产生的应力。

2.6.4 实验方法

采用半桥接法时,A,B,C 三个接线柱上的 AB,BC 可以分别接上测量片或温度补偿片,AD,DA 连接着仪器内部的两个固定电阻(图 6-2)。

采用全桥接法时,将应变仪上的金属短接片去掉,在 A,B,C,D 四个接线柱的 AB,BC,CD,DA 上分别接上不同的测量片即可(图 6-3)。

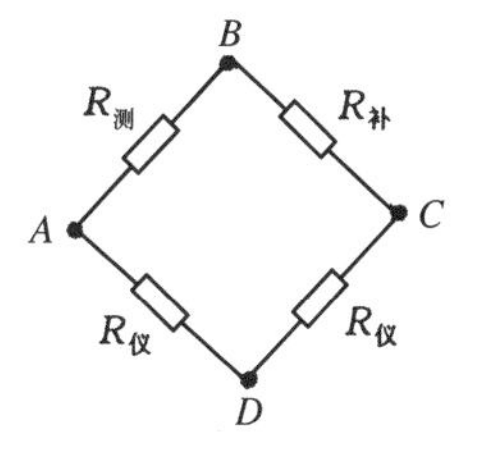

图 6-2 半桥接法

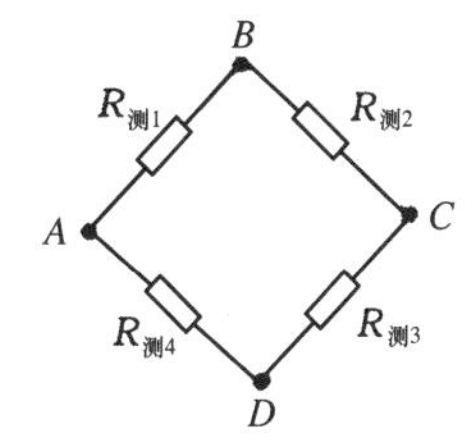

图 6-3 全桥接法

2.6.5 预习要求

请根据图 6-1 和图 5-3 上应变片的粘贴位置和编号,按照“电阻应变片接桥方法实验报告”中表 Ⅵ-1 和表 Ⅵ-2 的要求选择需要的应变片,将它们画在表中相应电桥的桥臂上,然后再根据公式 $\varepsilon_{ds} = \varepsilon_{AB} - \varepsilon_{BC} + \varepsilon_{CD} - \varepsilon_{DA}$ 进行验证。

2.6.6 思考题

1. 什么是等强度梁?在本实验中采用等强度梁有何好处?

2. 本实验中可采用哪些桥路连接方法来测量截面的正应力?不同桥路连接方法有何优缺点?

2.7 压杆稳定实验

2.7.1 实验目的

1. 观察和了解细长中心受压杆件丧失稳定时的现象。
2. 用电测法测定两端铰支压杆的临界力 P_{cr}，并与理论计算的结果进行比较。

2.7.2 实验仪器、装置及构造原理

1. 小型压杆稳定实验装置一台(图 7-1)。
2. 静态电阻应变仪一台。

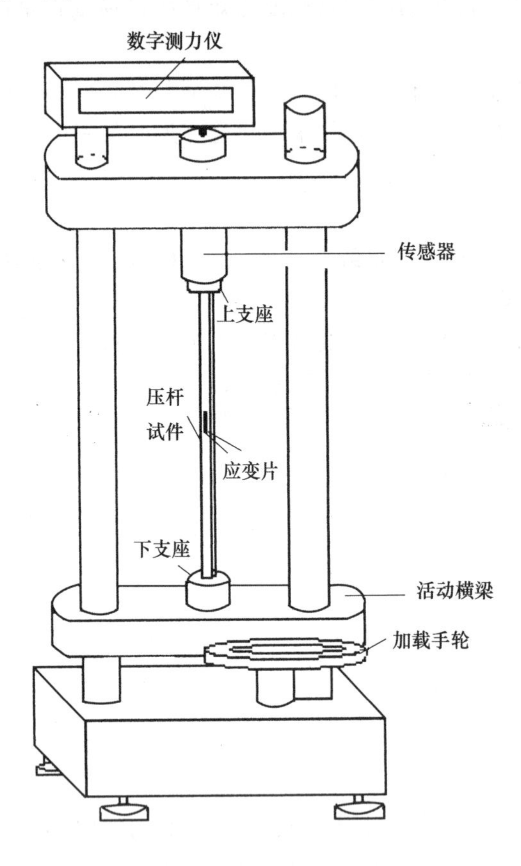

图 7-1 压杆稳定实验架

3. 压杆稳定基本实验组合方式(图 7-2)。

本实验采用矩形截面薄杆试件，材料为 65 号钢，试件尺寸：厚度 $t = 3.5\text{mm}$，宽度 $b = 20\text{mm}$，长度 $L = 345\text{mm}$，弹性模量 $E = 2.10 \times 10^5\,\text{MPa}$。试件两端做成带有一定圆弧的尖端，将试件放在试验架支座的 V 型槽口中，顺时针转动加载手轮，通过一组机械传动减速装置的带动，加力横梁向上移动，试件受压，压杆受到的力由上横梁上的传感器拾取，被数字测力仪测得并显示出来。当试件发生弯曲变形时，试件的两端能自由地绕 V 型槽口转动，因此可把试件视为两端铰支压杆。在压杆长度的中间部位 2 个侧面沿轴线方向各贴 1 片电阻

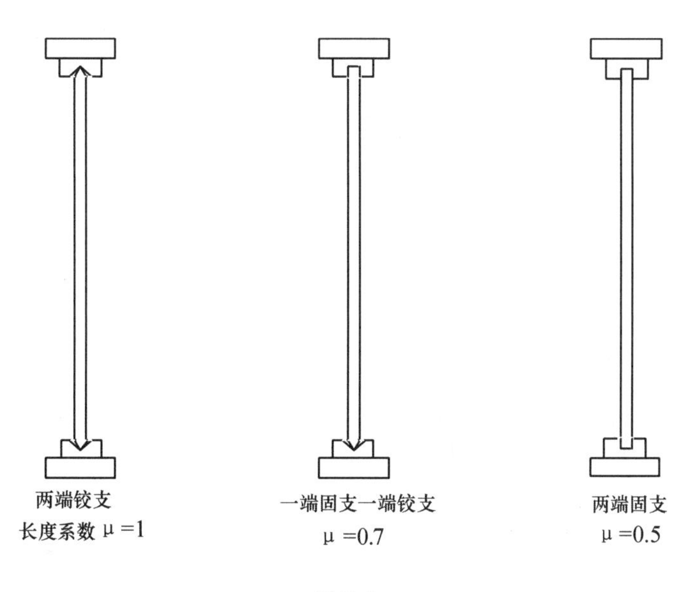

图 7-2

应变片 R_1,R_2,采用半桥温度自补偿的方法进行测量,即将应变片 R_1,R_2 各自的 2 个引出线分别接于电阻应变仪的 AB 和 BC 接线柱上,AD 和 DC 则用仪器内部的固定电阻(图 7-3)。

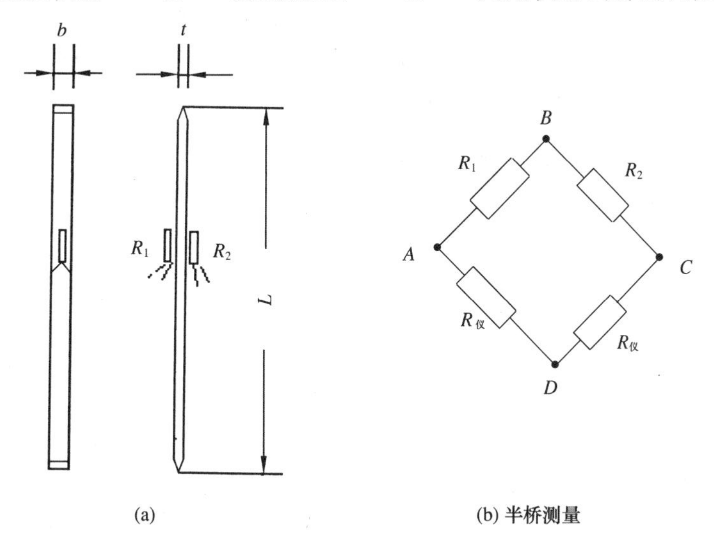

图 7-3

2.7.3 实验原理

中心受压的细长杆,其欧拉临界力为

$$P_{cr} = \frac{\pi^2 E I_{min}}{(\mu L)^2}$$

式中 L—— 压杆的长度;

I_{min}—— 截面的最小惯性矩;

μ—— 长度系数。

当压杆所受的载荷 P 小于试件的临界力 P_{cr} 时，中心受压的细长杆在理论上应保持直线形状，杆件处于稳定平衡状态。当 $P \geqslant P_{cr}$ 时，杆件因丧失稳定而弯曲，若以载荷 P 为纵坐标，压杆中点挠度 f 为横坐标，按小挠度理论绘出的 P-f 图形即为折线 OCD，如图 7-4(b) 所示。

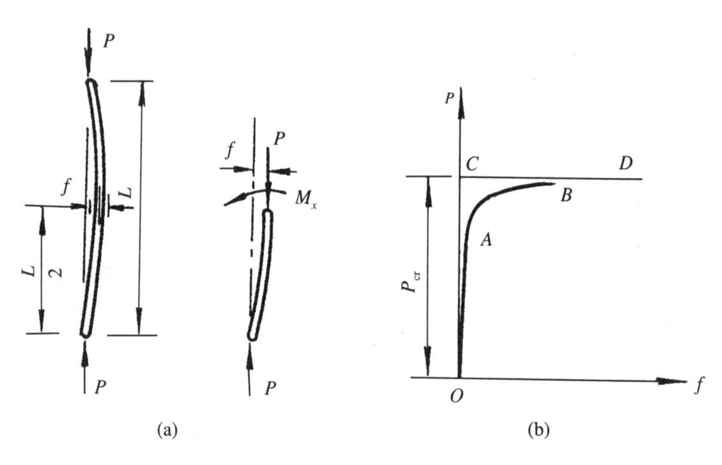

图 7-4

由于试件可能有初曲率，压力可能偏心，以及材料的不均匀等因素，实际的压杆不可能完全符合中心受压的理想情况。在实验过程中，即使压力很小时，杆件也会发生微小弯曲，中点挠度随载荷的增加而逐渐增大。若令杆件轴线为 x 坐标轴，杆件下端点为坐标轴原点，则在 $x=\dfrac{L}{2}$ 处，截面上的内力(图 7-4(a)) 为

$$M_{x=\frac{L}{2}} = Pf,\quad N=-P$$

横截面上的应力为

$$\sigma=-\frac{P}{A}\pm\frac{My}{I_{\min}}$$

当用半桥温度自补偿的方法将电阻应变片接到静态电阻应变仪后，可消除由轴向力产生的应变读数，这样，应变仪上的读数就是测点处由弯矩 M 产生的真实应变的 2 倍，把应变仪读数写为 ε_{ds}，把真实应变写为 ε，则 $\varepsilon_{ds}=2\varepsilon$。杆上测点处的弯曲正应力为

$$\sigma=E\varepsilon=E\frac{\varepsilon_{ds}}{2}$$

因为弯矩产生的测点处的弯曲正应力可表达为

$$\sigma=\frac{M\dfrac{t}{2}}{I_{\min}}=\frac{Pf\dfrac{t}{2}}{I_{\min}}$$

所以

$$\frac{Pf\dfrac{t}{2}}{I_{\min}}=E\frac{\varepsilon_{ds}}{2}$$

即
$$f=\left(\frac{EI_{\min}}{tP}\right)\varepsilon_{ds}$$

由上式可见，在一定的载荷 P 作用下，应变仪读数 ε_{ds} 的大小反映了压杆挠度 f 的大小，ε_{ds} 越大，表示 f 越大。所以用电测法测定 P_{cr} 时，图 7-4(b) 的横坐标 f 可用 ε_{ds} 来代替。当 P 远小于 P_{cr} 时，随载荷的增加 ε_{ds} 也增加，但增长极为缓慢(OA 段)；而当 P 趋近于临界力 P_{cr} 时，虽然载荷增加量不断减小，但 ε_{ds} 却会迅速增大(AB 段)，曲线 AB 是以直线 CD 为渐近线的。试件的初曲率与偏心等因素的影响越小，则曲线 OAB 越靠近折线 OCD。所以，可根据渐近线 CD 的位置确定临界载荷 P_{cr}。

2.7.4 实验方法

1. 接线

将压杆上已粘贴好的应变片按图 7-3(b) 的组桥方式接至应变仪上。

2. 预调平衡

打开静态电阻应变仪开关，在载荷为零时调整电桥平衡，使应变仪读数为零。

3. 加载测量

顺时针方向旋转手轮，对压杆施加载荷，施加载荷的大小由测力仪显示。

压杆受载初始，杆件是直的，应变片只感受到压缩应变，在图 7-3(b) 的组桥方式下，压缩应变被抵消了，因此，应变仪上显示的应变几乎不增加，但随着载荷的增加，压杆逐渐变弯，应变片这时不但感受到压缩应变，同时也感受到弯曲应变，这时应变仪上显示的应变 ε_{ds} 开始增加，本实验要求采用由等量加载到非等量加载的方法，实验开始时可选用 $\Delta P=300\text{N}$ 的载荷增量等量加载，以后随着 $\Delta\varepsilon_{ds}$ 的不断变大，我们把 ΔP 逐渐减小，分别记录相应的应变读数，到 ΔP 很小而 $\Delta\varepsilon_{ds}$ 突然变得很大时，应立即停止加载。

2.7.5 注意事项

为了保证压杆及杆上所贴电阻应变片都不受损，使试件可以反复使用，试件的弯曲变形不能过大，故本实验要求将总的应变量控制在 $1500\mu\varepsilon$ 以内。

2.7.6 思考题

1. 如已知试件尺寸：厚度 $t=3.5\text{mm}$，宽度 $b=20\text{mm}$，长度 $L=345\text{mm}$，$E=210\text{GPa}$，试求两端铰支压杆的临界力 P_{cr}。

2. 如果在实验初期按照每增加 $\Delta P=300\text{N}$ 测读杆件中点应变值，请问在接近临界力时这种加载方法是否仍然可行?为什么?试根据上题算得的临界力 P_{cr} 值，并参考图 7-4(b) 所示的曲线特征设计一个确定临界力的加载方案。

2.8 冲击实验

材料在使用过程中，除要求有足够的强度和塑性外，还要求有足够的韧性，所谓韧性就是材料在弹性变形、塑性变形和断裂过程中吸收能量的能力。

材料抵抗冲击能力的指标用冲击吸收能量来表示。它是通过冲击实验来测定的。这种实验使试样在一次冲击载荷作用下发生破坏，从而显示材料的缺口敏感性。虽然实验中测定的冲击吸收能量，不能直接用于工程计算，但它可作为判断材料脆化趋势的一个定性指标，还可作为检验材质及热处理工艺的一个重要手段。这是因为它对材料的品质、宏观缺陷、显微组织十分敏感的缘故。而这点恰是静载实验所无法揭示的。

2.8.1 冲击实验的类型及名称

测定冲击韧性的实验方法有多种。国际上大多数国家所使用的常规实验有两种类型。

一种为简支梁式的冲击弯曲实验，另一种为悬臂梁式的冲击弯曲实验。前者实验时试样处于三点弯曲受力状态，称为"夏比冲击实验"；后者实验时试样处于悬臂梁弯曲受力状态，称为"艾氏冲击实验"。另外，还有"冲击拉伸实验" 等。

由于冲击实验受到多种内在因素和外界因素的影响，要想正确反映材料的冲击特性，必须使冲击实验方法和设备标准化、规范化，我国制定了金属材料冲击实验的一系列国家标准。本次实验介绍"金属材料夏比摆锤冲击试验方法"(即 GB/T229—2007) 测定金属材料的冲击吸收能量。

2.8.2 实验目的

测定低碳钢和铸铁两种材料的冲击吸收能量，观察破坏情况，并进行比较。

2.8.3 实验设备与工具

1. 冲击试验机。
2. 游标卡尺。

2.8.4 试样的制备

1. 试样的形状和尺寸采用国际上通用的形状和尺寸。规定为10mm×10mm×55mm中间带 2mm 深 U 形缺口为标准试样，另外，还有其他缺口形状的试样，如夏比 V 形缺口试样。图 8-1、图 8-2 分别为 U 形缺口与 V 形缺口试样的形状和尺寸。

2. 试样毛坯切取部位、取向和数量均应符合有关规定。毛坯的切取和试样加工过程中不应受加工硬化或热影响，否则将会改变材料的冲击性能。

3. 试样尺寸及偏差应符合图中的规定，缺口底部应光滑无与缺口轴线平行的明显划痕。

4. 试样加工和保存期间应防止锈蚀。在试样上制作缺口是为了使试样在该处折断。分析表明，在缺口根部发生应力集中，图 8-3 所示为弯曲时缺口截面上的应力分布图。图中缺口根部的 N 点拉应力很大，在缺口根部附近的 M 点材料处于三向拉应力状态。某些金属在静力拉伸下表现出良好的塑性，但处于三向拉应力作用下却有增加其脆性的倾向。所以，塑性材料的缺口试样在冲击作用下，一般都呈现出脆性破坏方式(断裂)。

本次实验采用如图 8-1 所示的 U 形缺口试样。

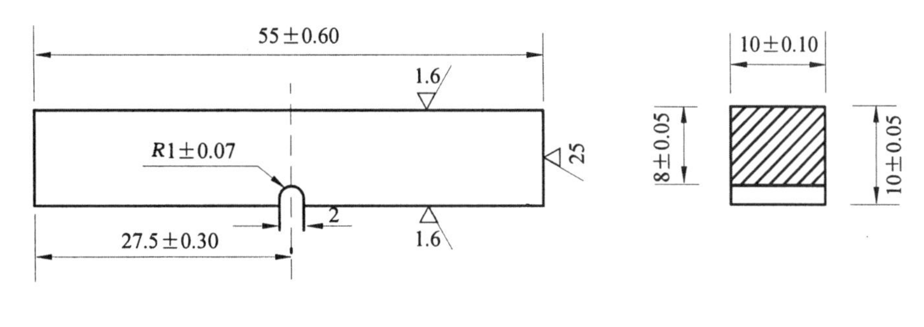

图 8-1　U 形缺口试样

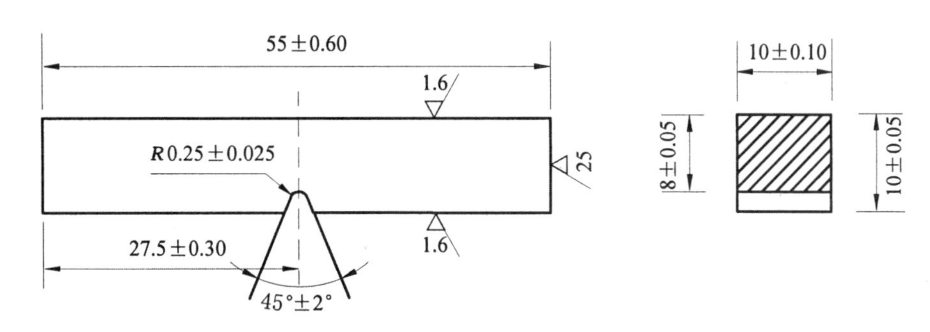

图 8-2　V 形缺口试样

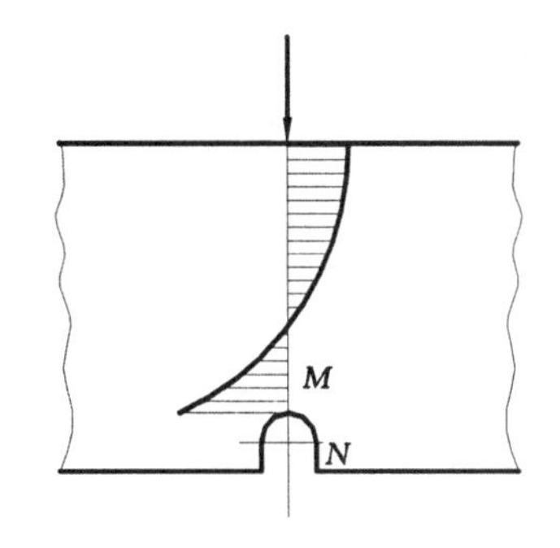

图 8-3　缺口处应力集中现象

2.8.5　实验装置和操作方法

图 8-4 所示为 JB-30A 型冲击试验机的外形图，冲击能量为 294J 和 147J 2 档，摆锤刀刃半径又分为 2mm 和 8mm 两种，试验时可根据能量和样品要求选用适当的摆锤。该机为半自动控制试验机，使用时将控制盒上的开关拨到“开”的位置，按动“摆臂下降”按钮，挂摆机构下降勾住摆锤扬起至一定的角度为止。按动“冲击”按钮时，挂摆机构与摆锤脱离，摆锤就落摆冲击，试样冲断后，按动“摆锤夹紧”按钮，摆锤即被夹紧，从而不再来回摆动。从刻度盘上可直接读出试样所吸收的能量。

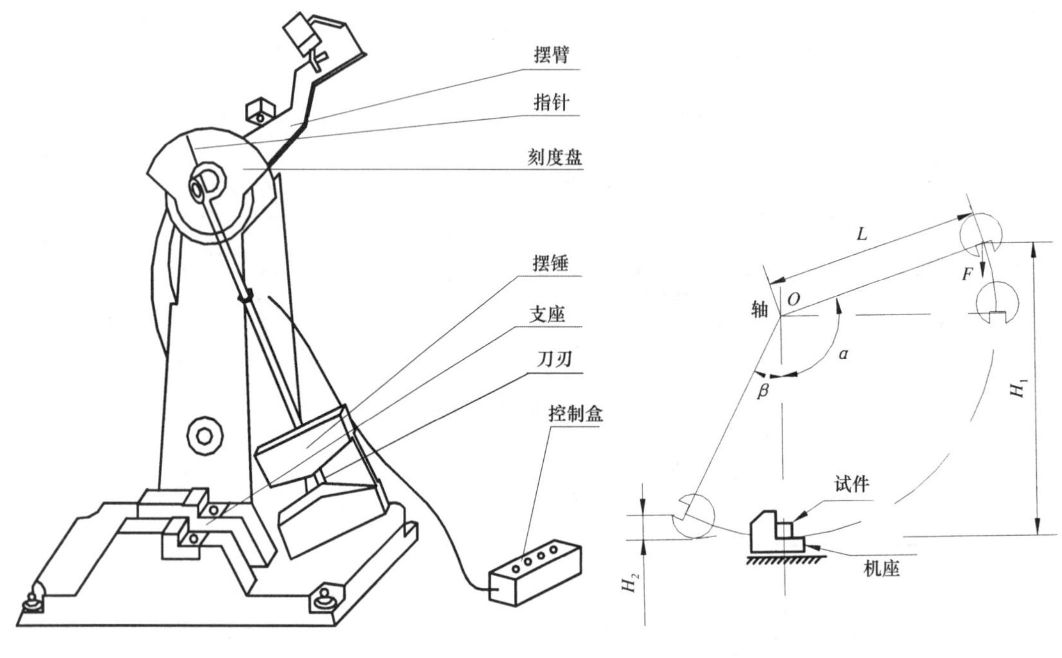

图 8-4　冲击试验机外形图

图 8-5　冲击试验机原理图

2.8.6　实验基本原理

图 8-5 所示为冲击试验机原理图，钢制的摆锤悬挂在轴 O 上（如图所示的 α 角），于是摆锤具有一定的位能。实验时，令摆锤下落，冲断试样。试样折断所消耗的能量等于摆锤原来的位能（α 角处）与其冲断试样后在扬起位置（β 角处）时的位能之差。如不计摩擦损失及空气阻力等因素，那么，摆锤对试样所做的功可按下式来计算：

$$K = FH_1 - FH_2 \tag{1}$$

$$\left.\begin{aligned} H_1 &= L(1-\cos\alpha) \\ H_2 &= L(1-\cos\beta) \end{aligned}\right\} \tag{2}$$

式中　F—— 摆锤的重力，N；

L—— 摆长（摆轴至锤重心之间的距离），m；

α—— 冲击前摆锤扬起的最大角度，弧度；

β—— 冲击后摆锤扬起的最大角度，弧度。

将式(2) 代入式(1)，得

$$K = F(H_1 - H_2) = F[L(1-\cos\alpha) - L(1-\cos\beta)] = FL(\cos\beta - \cos\alpha)$$

由于摆锤重量、摆杆长度和冲击前摆锤扬角 α 均为常数，因而只要知道冲断试样后摆锤升起角 β，即可根据上式算出消耗于冲断试样能量数值。本试验机已经预先根据上述公式将相当于各升起角 β 的能量数值算出，并直接刻在读数盘上，因此，冲击后可以直接读出试样所吸收的能量。冲击吸收能量用 K 表示，单位为 J(焦耳)。

为了表示不同类型冲击试样的试验结果，两种类型试样在两种摆锤刀刃半径下的吸收能量用如下符号表示：

U 型缺口试样在 2mm 摆锤刀刃下的冲击吸收能量，表示为 KU_2；

U 型缺口试样在 8mm 摆锤刀刃下的冲击吸收能量，表示为 KU_8；

V 型缺口试样在 2mm 摆锤刀刃下的冲击吸收能量，表示为 KV_2；

V 型缺口试样在 8mm 摆锤刀刃下的冲击吸收能量，表示为 KV_8。

在相同的条件下，材料的 K 值越大，表示材料抗冲击能力越好。当试样的几何形状、尺寸、受力方式和实验温度不同时，所得结果各不相同。所以，冲击实验是在规定标准条件下进行的一种比较性实验。

2.8.7 实验步骤

1. 记录室温。常温冲击实验一般应在 18℃ ～ 28℃ 内进行，要求严格时，实验温度为规定温度的 ±2℃ 范围内进行。

2. 量测试样尺寸。用游标卡尺量测试样缺口底部处横截面尺寸。

3. 试验机准备。将刻度盘上指针拨至最大值，冲击摆锤抬起后，空打一次，检查指针是否回到零位，否则应进行调整。

4. 安装试样。用手抬起摆锤，将试样放在冲击支座上，紧贴支座，缺口背向摆锤刀刃，如图 8-6 所示，并用对中样板对中。

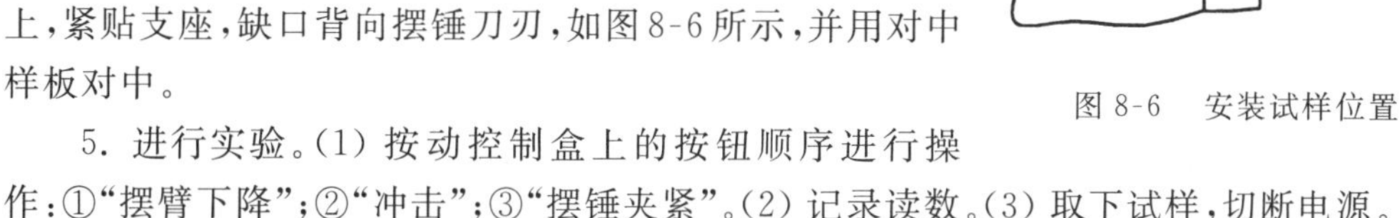

图 8-6 安装试样位置

5. 进行实验。(1) 按动控制盒上的按钮顺序进行操作：①“摆臂下降”；②“冲击”；③“摆锤夹紧”。(2) 记录读数。(3) 取下试样，切断电源。

2.8.8 注意事项

1. 安装试样时，严禁抬高摆锤。

2. 当摆锤抬起后，不得在摆锤摆动范围内活动或工作，以免发生危险。进行冲击实验时，上述事项务必严格执行，避免伤害人体。

2.8.9 实验结果

1. 记录低碳钢与铸铁的冲击吸收能量 K 值(至少取两位有效数字)。

2. 观察低碳钢与铸铁两种材料断口差异。

2.8.10 记录表格

试样形状	材　料	厚　度 h/mm	宽　度 b/mm	冲击吸收能量 K/J	室　温 /°C
	低碳钢				
	铸　铁				
备　注					

2.8.11 思考题

1. 冲击韧性在工程实际中有哪些实用价值?
2. 冲击试样上为什么要制造缺口?
3. 冲击韧性是相对指标还是绝对指标?

2.9 疲劳实验(演示)

材料在承受随时间周期性变化的交变或脉动载荷作用下，经一定次数的循环后，在其内部最大应力远小于极限强度的情况下，会突然破坏，这种现象称为“疲劳”。它往往事先没有明显预兆，突然发生，因此危害性特别大。这样，对受交变载荷作用的重要零部件，必须按“疲劳极限”设计。所谓疲劳极限是材料经无限次应力循环而不发生疲劳破坏的最大应力。它是材料疲劳性能的重要指标，是疲劳实验的主要内容，此外，疲劳实验还测定疲劳寿命、S-N 曲线、应力集中和尺寸效应对疲劳的敏感度等。

2.9.1 实验目的

1. 了解测定疲劳极限、S-N 曲线的方法。
2. 通过观察疲劳试样断口，分析疲劳的原因。
3. 对典型的各种疲劳试验机的结构、原理，进行了解。

2.9.2 疲劳的分类和实验原理

疲劳按载荷的性质分，有轴向疲劳、弯曲疲劳、扭转疲劳。按载荷幅值是否恒定分，有稳定疲劳和不稳定疲劳。按循环应力的应力比 r 分，有对称循环，$r=-1$；脉动循环，$r=0$；不对称循环，$r\neq-1$。应力比 r 是循环应力的最小应力 σ_{min} 和最大应力 σ_{max} 的代数比值，它表征了应力循环的特性。显然，对静应力 $r=1$。各类循环应力可看成相当于静应力的平均应力 σ_m 和应力幅为 σ_a 的对称交变应力的叠加，如图 9-1 所示。按循环次数的大小分，有高周期疲劳和低周期疲劳。还可按应力的波形分，有正弦波、三角波等。另外，还有其他分类。

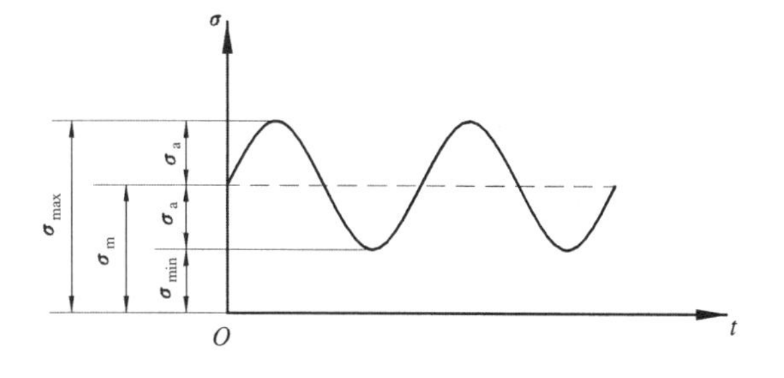

图 9-1 循环应力的分解

因为不可能进行无限次循环实验，所以要规定一个循环基数 N_0。对钢材，N_0 一般取 10^7 次，达到 10^7 次时，实际上可以永远不会发生疲劳破坏。但对有色金属，在经受 10^7 次循环后，仍会发生疲劳破坏，于是，规定一个循环基数，例如 10^8 次。对应循环基数的最大应力为条件疲劳极限。又因为实验的数据是离散的，于是疲劳极限的实验定义为，指定循环基数下的中值疲劳强度，中值的意义是指存活率为 50%。

测定条件疲劳极限 $\sigma_{R(N)}$ 采用升降法。试样的数量通常取 13 根以上。应力增量 $\Delta\sigma$ 一般在预计疲劳极限的 5% 以内。第一根试样的实验应力水平，略高于预计疲劳极限。根据上一根试样的实验结果(失效或通过) 决定下一根试样应力增量是减还是增，失效则减，通过则增，直到全部试样做完。第一次出现相反结果(失效和通过，或通过和失效) 以前的实验数据，如在以后实验数据波动范围之外，则予以舍弃；否则，作为有效数据，连同其他数据加以利用，按下列公式计算疲劳极限：

$$\sigma_{R(N)} = \frac{1}{m}\sum_{i=1}^{n}\nu_i\sigma_i$$

式中 m—— 有效实验总次数；

n—— 应力水平级数；

σ_i—— 第 i 级应力水平；

ν_i—— 第 i 级应力水平下的实验次数。

例如，某实验过程如图 9-2 所示，共 14 根试样。

预计疲劳极限为 390MPa，取其 2.5% 约 10MPa 为应力增量 $\Delta\sigma$，第 1 根试样的应力水平 402MPa，全部实验数据波动如图 9-2，可见，第 4 根试样为第一次出现相反结果，在其之前，只有第 1 根在以后实验波动范围之外，为无效，则按上式求得条件疲劳极限如下：

$$\sigma_{R(N)} = \frac{1}{13}\times(3\times392+5\times382+4\times372+1\times362) = 380(\text{MPa})$$

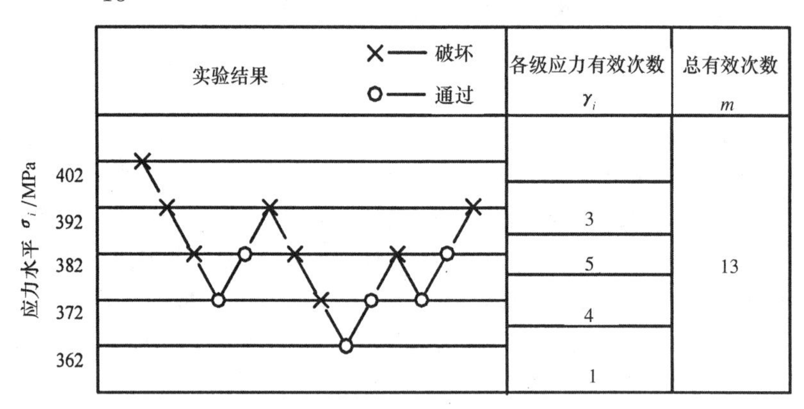

图 9-2 增减法测定疲劳极限试验过程

这样求得的 $\sigma_{R(N)}$，存活率为 50%，欲要求其他存活率的 $\sigma_{R(N)}$，可用数理统计方法处理。

测定 S-N 曲线（即应力水平 σ- 循环次数 N 曲线）时，通常至少取 4—5 级应力水平。用升降法测得的条件疲劳极限作为 S-N 曲线的低应力水平点。其他 3—4 级较高应力水平下的实验，则用成组法。每组试样数量的分配，因随应力水平降低而数据离散增大，故要随应力水平降低而增多，通常每组 5 根。然后，以 σ_a 为纵坐标，以循环数 N 或 N 的对数为横坐标，用最佳拟合法绘制成 S-N 曲线，如图 9-3 所示。

2.9.3 试　样

构件的几何形状不同，疲劳性能也不同，但采用实际工件进行实验难度很大，故一般做成试样进行试验，再用修正系数折算成工件的疲劳性能。试样的形状、尺寸一般根据实验目的和试验机的形式、容量确定，其截面应使最大负荷不低于试验机所用负荷档满量程的 25%，且尺寸比较大时，离散性小。其取样部位、方向，都有讲究，要反映实际工件的疲劳性能。因为疲劳对应力集中特别敏感，所以加工时，对过渡圆角、表面粗糙度、表面缺陷要求很高，残余应力和加工硬化要小，最后的精加工，最好是沿试样纵向磨光或抛光。同一实验的试

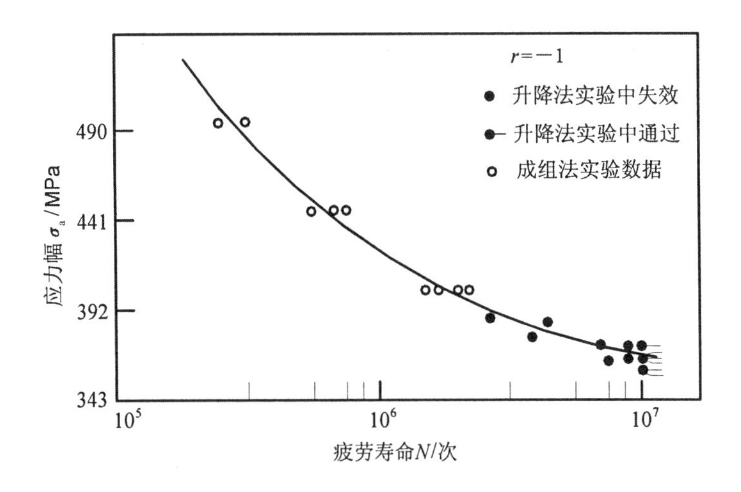

图 9-3　*S-N* 曲线图

样，各方面要尽量做到一致。

2.9.4　试验机

1. 旋转弯曲疲劳试验机

这种试验机只能做对称循环应力，即 $r=-1$ 的疲劳实验（它是疲劳实验中最基本的实验），优点是实验成本低、简便。

一种纯弯曲的旋转弯曲疲劳试验机结构及受力简图、弯矩图，如图 9-4 所示。圆试样 4 被两主轴 3 夹紧，连成整体，成一刚性梁，按 4 点弯曲、由轴承 1 支承在机架 10 上。对称的砝码架 8 挂在吊环 5 上，使砝码 9 的载荷 P 平均分配在两主轴的加力点上，加力点与支承点距离 a 相等，使试样承受纯弯曲。电机 6 通过软轴 2，带动圆试样旋转，速率为 5000 ～ 10000r/min，试样表面上某点，每旋转一周，其应力经历一次拉压对称循环，循环次数由电机带动计数器 7 记录。试样破坏，主轴跌落，触动自动停机开关 11，使电机停转，计数器保留应力循环次数 N。

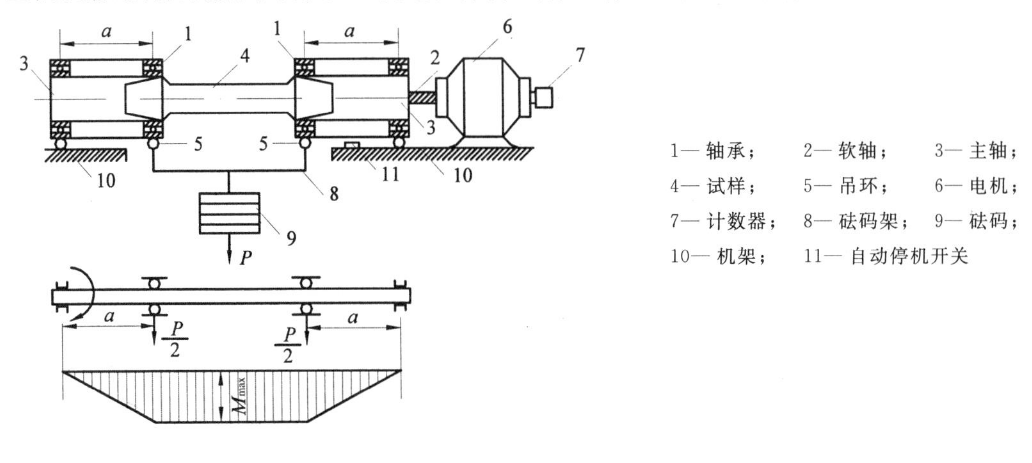

图 9-4　旋转弯曲疲劳试验机结构及受力、弯矩图

实验步骤：

(1) 安装试样。牢固装入试样后，要用百分表校正试样的偏心度，保证其同轴旋转。

(2) 开机达到规定速度。

(3) 加载。按照所需的应力水平对 $r=-1$ 的对称循环应力为应力幅 σ_a，计算砝码重量 P，因为

$$M_{max}=\frac{P}{2}a,\quad W=\frac{\pi d^3}{32}$$

于是

$$\sigma_a=\frac{M_{max}}{W}=\frac{16Pa}{\pi d^3}$$

所以

$$P=\frac{\pi d^3\sigma_a}{16a}$$

式中，d 为试样最小直径。要平稳、无冲击地加砝码到需要值。并将计数器复零。

(4) 试样破坏，记录循环次数。

2. 高频疲劳试验机

这种试验机，比前者实验范围大，可进行轴向拉压、弯曲、扭转交变载荷的各种应力比 r 的疲劳实验。载荷频率可达 80 ～ 250Hz。

主要工作原理是，试样与激振器、预载弹簧、砝码、夹头、测力筒等牢固串连成一个弹性系统，当电磁激振器的激振频率与系统固有频率一致时，产生共振，通过主质量(砝码) 的惯性力对试样施加疲劳载荷。

其结构分主机、控制箱两部分，主机结构如图 9-5 所示。

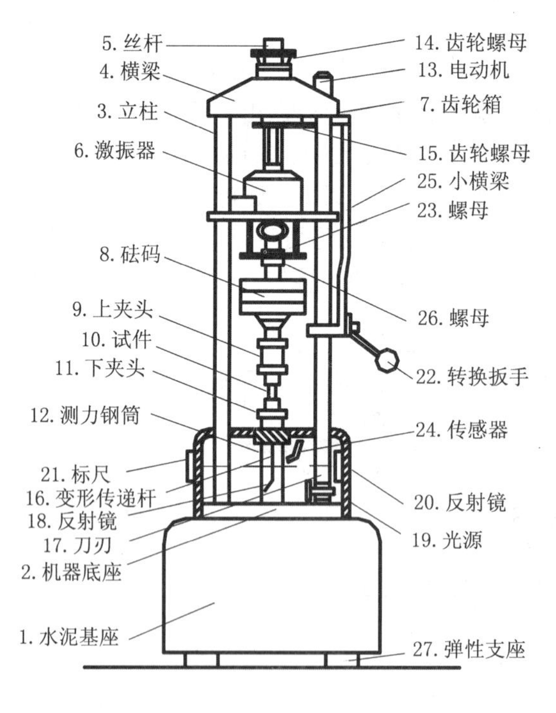

图 9-5 高频疲劳试验机主机结构

(1) 静载荷(即对应平均应力 σ_m 的载荷) 的施加。通过电动机 13 带动丝杆 5 上、下运动，对试样施加拉、压载荷。转换扳手 22 用来调节电机转速，快挡用于调节夹头间距，慢挡用于施加静载。

(2) 振动载荷(即对应应力幅 σ_a 的载荷)的施加。根据电磁共振原理,由传感器 24 感生一个频率与机器固有频率相同的电信号,此信号自机器的微小振动而获得,再由控制箱放大,送给激振器,产生共振的激振力。其振幅由给定电压调节,决定动载荷的大小,而机器固有频率则通过改变砝码 8 调节。

(3) 动静载荷的测量显示。试样的载荷传递到弹性薄壁测力空心钢圆筒 12,使其变形,通过变形传递杆 16,推动反射镜 18 绕刀刃 17 转动,将光源 19 投来的光线经反射镜 20,反射到标尺 21 上,造成光标在标尺上移动。从标尺的比例刻度上即读出力值。如是动载荷,则在标尺上摆动成光带,其上、下边缘所指刻度即为载荷最大、最小值。也有试验机通过测力传感器直接数字显示疲劳载荷。

(4) 控制箱工作原理如图 9-6 所示。调节给定器给出电压 U_g,经比较放大推动执行电机,改变限幅电位器,得到相应大小电压,经功率放大,推动激振器起振。传感器由于振动,感生电信号 U_G(包括与机器固有频率一致的频率和振幅电压),此信号通过移相器调整,使输给激振器的信号与机器共振。此时,可观看测力标尺光标,调整给定电压,达到所需振动幅值。此过程中,信号 U_G 在比较器中与给定电压 U_g 比较,若两值相等,执行电动机不动,限幅器电位确定;若不等,其差值反馈给执行电动机,调整限幅器,使振动载荷幅值按给定 U_g 确定。若试验中,载荷幅值发生变化,传感器信号 U_G 亦发生变化,经与 U_g 比较放大,使执行电动机动作,自动保持原来振幅,保证试验载荷的稳定。另外,载荷的频率、循环次数由专门元件显示记录。

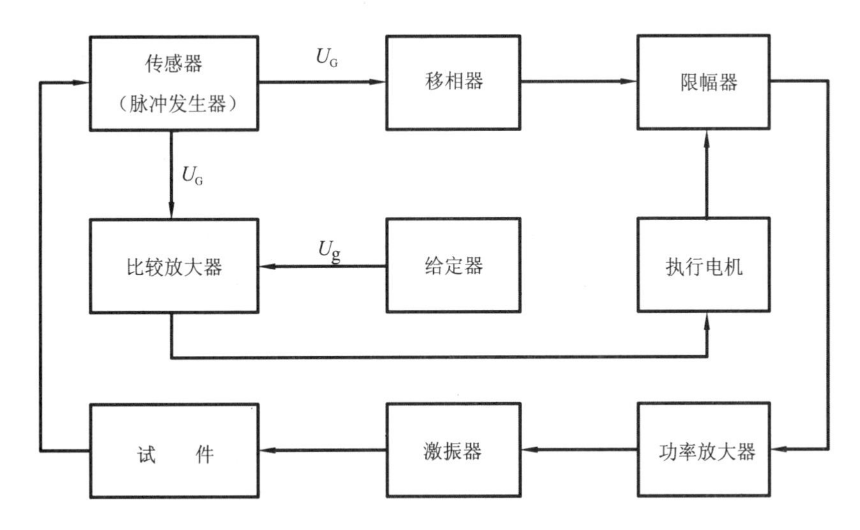

图 9-6　控制箱工作原理框图

实验顺序:

(1) 在试样无力(未夹紧)时,调整标尺光标零位。

(2) 按所需频率装好相应砝码。

(3) 安装试样。

(4) 预加静载荷。

(5) 调整激振器空气隙。

(6) 起振,调整振动载荷,计数器复零计数,保护调整等,开始实验。

(7) 试样破坏,自动停机,读取数据。

3. 电液伺服疲劳试验机

这是一种先进的试验机，它属于中、低频疲劳试验机，它能进行各种应力比 r 的轴向、弯曲等疲劳试验，而且应力波形可以是正弦波、三角波等，甚至可以输入模拟的随机波，对小型构件施加模拟的随机载荷。它能进行载荷、应变、位移的自动控制。它也可以进行静强度试验，并能自动绘出比例准确的曲线。它精确、灵敏、自动化程度高，配用计算机和专用软件，可进行操作程序控制和试验数据的自动处理。

主要工作原理是通过电液伺服系统，使液压按给定电信号波形伺服随动，准确完成特定的动态加载方式。

其构造主要由液压动力装置、加载机构、伺服系统（电液伺服阀和包括力、位移、变形的检测传感器）、控制系统组成，其结构原理如图 9-7 所示。

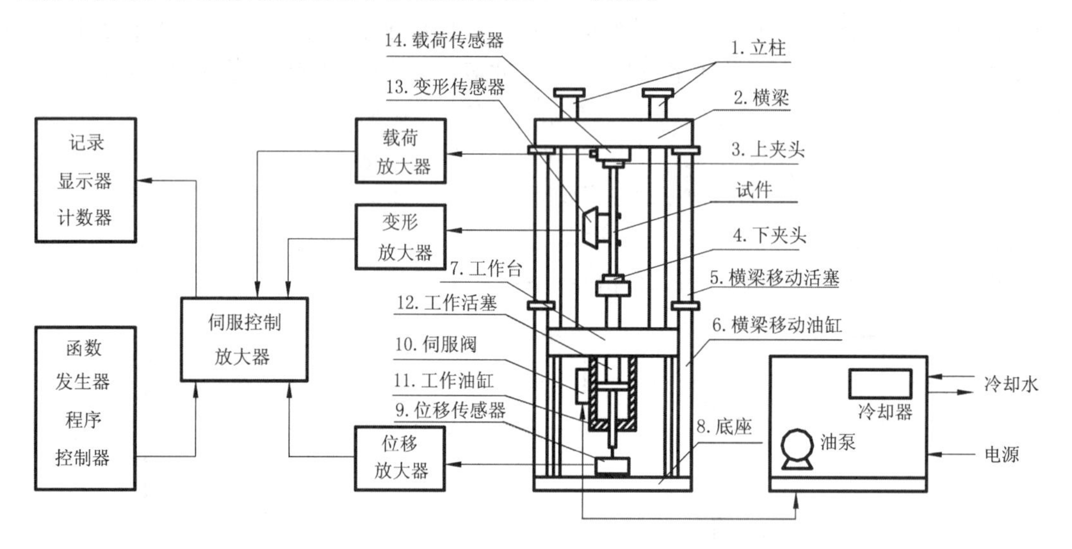

图 9-7　电液伺服疲劳试验机结构原理图

液压动力装置由电动机、油泵、蓄能器、冷却器、滤油器等组成，向加载机构提供动力源。

加载机构的工作油缸在工作台下部，活塞带动下夹头运动，上夹头与横梁连接，中间串接拉、压载荷传感器。由横梁移动油缸的活塞杆带动横梁沿立柱移动，调节两夹头的工作距离，并固定锁紧。夹头为液压夹头，可紧固夹持试样，且保证同轴度。位移传感器在工作油缸下面，感受活塞位置量。另有附件变形传感器，可装夹在试样上。

伺服系统是控制量伺服给定信号的闭环控制系统。其中，关键部件是电液伺服阀，它是高精密的液压随动元件，是控制的执行机构。液压经过此阀，输出与给定电压信号强度成正比的液压量，进入工作油缸的上压力腔或下压力腔，控制活塞的运动或随给定位移、或随给定变形、或随给定载荷的信号变化。

电液伺服阀由力矩马达和液压功率放大器组成，如图 9-8 所示。力矩马达将输入信号转换为电磁力矩，使四通滑阀 10 移动，控制改变高压的工作液压输出量，同时滑阀带动反馈弹簧 11，使其弯曲，产生弹簧力矩与电磁力矩平衡。电磁力矩只是偏转喷口挡板 5，改变低压油两个泄压喷口 6 的大小，形成滑阀两端压力差，推动滑阀，控制高压油量变化，从而实现了液压的功率放大。

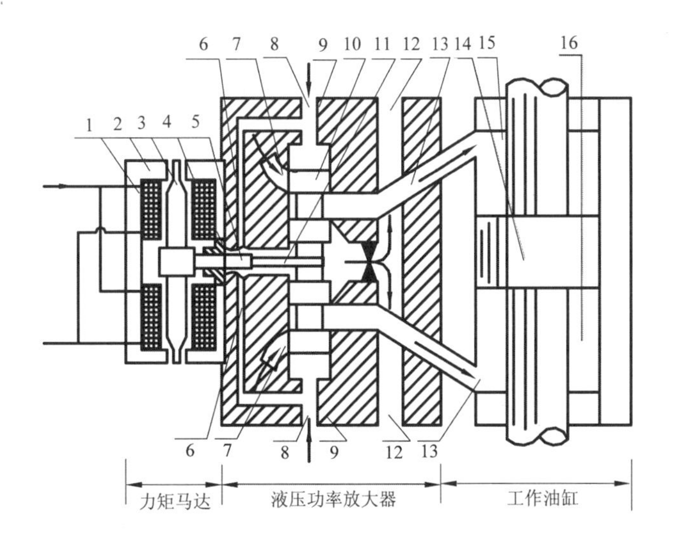

1— 线圈；2— 永久磁铁；3— 力矩衔铁；4— 密封软套；5— 喷口挡板；6— 泄压喷口；7— 高压油口；8— 低压油口；9— 固定节流口；10— 滑阀；11— 反馈弹簧；12— 回油口；13— 工作液压；14— 活塞；15— 拉伸油腔；16— 压缩油腔

图 9-8　电-液伺服阀结构原理示意图

电液伺服阀把电-液信号转换和功率放大集中在同阀体内，所以惯性小，响应灵敏，滞后小，能快、稳、准地复现给定信号变化。

电-液信号伺服转换原理如图 9-9 所示，由图可见，主要由位移、变形、载荷三个反馈回路组成。

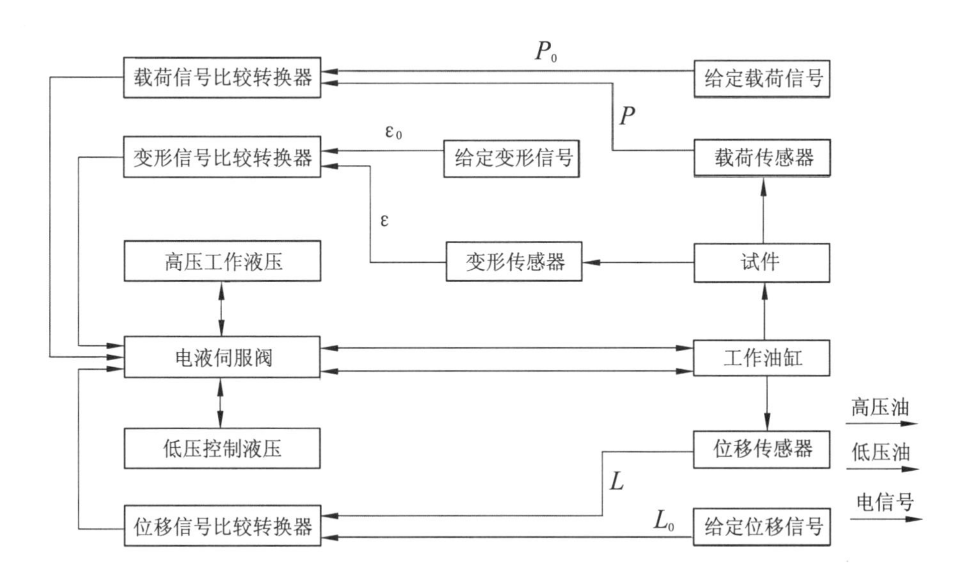

图 9-9　电-液信号伺服转换原理框图

当采用位移控制时，使用位移反馈回路。给定位移信号 L_0 控制伺服阀动作，使活塞运动，同时，位移传感器测出位移量信号 L，在位移信号比较转换器中，L 与 L_0 比较，得误差量 ΔL，处理转换输出相应电压信号，使伺服阀随动，消除误差，这些信号闭路往复循环，保持活塞运动变化量按给定信号波形动作，始终做到 $L = L_0$。若采用载荷或变形控制，则断开另外2个反馈回路，使载荷信号 P 与给定载荷信号 P_0 比较，或使变形信号 ε 与给定变形信号 ε_0 比较，并处理转换为活塞运动量信号，保持 $P = P_0$ 或 $\varepsilon = \varepsilon_0$。

控制系统是试验机的指挥核心，具有各种比较、放大、转换、设定、调节、显示、示波、绘图、波形发生等功能，还备有计算机接口，可直接实行计算机程序控制和处理。

2.9.5 思考题

1. 疲劳试件为何不同拉伸试件，对试件表面要做精加工？
2. 实验过程中若有明显的振动，对材料疲劳寿命是否有影响？
3. 静力强度与疲劳强度有何区别与联系？

2.10　叠合梁的纯弯曲实验

2.10.1　实验目的

测定由 2 种不同性质材料胶结而成的叠合梁的正应力分布规律，对比理论计算结果并进行分析。

2.10.2　实验设备

1. 纯弯曲梁实验装置。
2. 不同材料组成的叠合梁 3 种。
3. DH 3818-2 静态电阻应变仪。

2.10.3　实验原理和装置

3 种由不同材料组成的叠合梁分别为：铜－钢叠合梁、铝－钢叠合梁和铜－铝叠合梁。3 种金属材料中钢的塑性最好，铝合金次之，黄铜最脆。由于脆性材料一般不适合受拉，故铜－钢叠合梁在纯弯曲梁实验装置中，铜应在上部受压，钢应在下部受拉。同样道理，铝－钢叠合梁中，铝在上部而钢在下部；铜－铝叠合梁中，铜在上而铝在下。

沿叠合梁不同高度各粘贴一组电阻应变片，应变片的测量方向均平行于梁轴，然后把叠合梁放置在纯弯曲梁实验装置上（见 2.4 节图 4-1），叠合梁加载及应变片分布示意图见图 10-1。

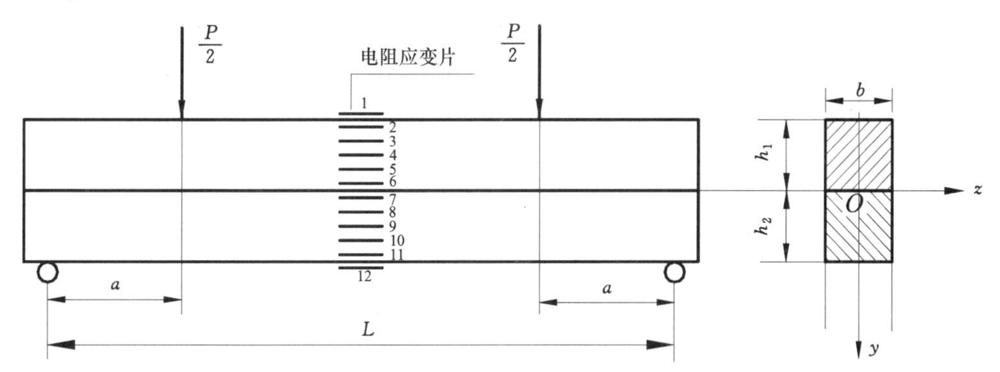

图 10-1　叠合梁加载及应变片分布示意图

把叠合梁上各电阻应变片的引出线依次接入 DH 3818-2 静态电阻应变仪各接线柱，则可以测得各种叠合梁在不同级别载荷下的实测应变分布情况，然后根据单向应力状态的胡克定律求出叠合梁在不同级别载荷下的实测应力分布情况。

叠合梁上、下层截面实测应力

$$\sigma_{1实} = E_1\varepsilon_{1实}, \quad \sigma_{2实} = E_2\varepsilon_{2实}$$

式中　E_1, E_2—— 叠合梁上、下层材料的弹性模量；

$\varepsilon_{1实}, \varepsilon_{2实}$—— 叠合梁上、下层各点的实测应变值。

对于一般的矩形截面梁，如果沿叠合梁横截面对称轴和中性轴分别建立 y 轴和 z 轴，并

用 ρ 表示中性层的曲率半径(图 10-2(a)),根据平截面假设,横截面上 y 处的纵向线应变为

$$\varepsilon = \frac{y}{\rho}$$

即纵向线应变沿截面高度线性变化(图 10-2(b))。

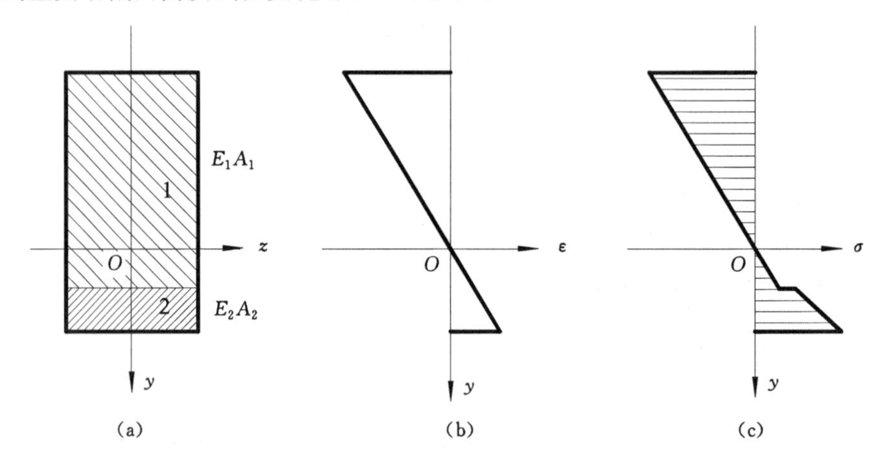

图 10-2　两种不同材料组成的叠合梁横截面及其在纯弯曲受力状态下的应变、应力图

在纯弯曲受力状态下叠合梁上、下层横截面上的弯曲正应力分别为

$$\sigma_1 = \frac{E_1 y}{\rho};\quad \sigma_2 = \frac{E_2 y}{\rho} \tag{10-1}$$

即弯曲正应力沿截面 1 与截面 2 分区线性变化(图 10-2(c)),而在两截面的交界处,正应力发生突变。

在静力学方面,根据横截面上不存在轴力、仅有弯矩 M 的条件,有

$$\int_{A1} \sigma_1 \mathrm{d}A_1 + \int_{A2} \sigma_2 \mathrm{d}A_2 = 0 \tag{10-2}$$

$$\int_{A1} y\sigma_1 \mathrm{d}A_1 + \int_{A2} y\sigma_2 \mathrm{d}A_2 = M \tag{10-3}$$

将式(10-1) 代入式(10-2),得

$$E_1\int_{A1} y\mathrm{d}A_1 + E_2\int_{A2} y\mathrm{d}A_2 = 0 \tag{10-4}$$

由式(10-4) 即可确定中性轴的位置。将式(10-1) 代入式(10-3),得

$$\frac{E_1}{\rho}\int_{A1} y^2 \mathrm{d}A_1 + \frac{E_2}{\rho}\int_{A2} y^2 \mathrm{d}A_2 = M$$

因此,得中性层的曲率为

$$\frac{1}{\rho} = \frac{M}{E_1 I_1 + E_2 I_2} \tag{10-5}$$

式中,I_1 和 I_1 分别为上、下层截面对中性轴 z 的惯性矩。

最后，将式(10-5)代入式(10-1)，得到上、下层截面的弯曲正应力分别为

$$\sigma_1 = \frac{ME_1 y}{E_1 I_1 + E_2 I_2}, \quad \sigma_2 = \frac{ME_2 y}{E_1 I_1 + E_2 I_2} \tag{10-6}$$

如果将2种材料构成的截面，变换为单一材料的等效截面，然后按单一材料梁的方法进行分析。

令

$$n = \frac{E_2}{E_1}, \quad \overline{I_z} = I_1 + nI_2$$

于是，式(10-4)与式(10-5)可分别简化为

$$\int_{A1} y \mathrm{d}A_1 + \int_{A2} yn \mathrm{d}A_2 = 0 \tag{10-7}$$

$$\frac{1}{\rho} = \frac{M}{E_1 \overline{I_z}} \tag{10-8}$$

而上、下层截面的弯曲正应力分别为

$$\sigma_1 = \frac{My}{\overline{I_z}}, \quad \sigma_2 = n\frac{My}{\overline{I_z}} \tag{10-9}$$

式(10-7)表明，如果将上层材料所构成的截面1保持不变，而将下层材料所构成的截面2的面积元素 $\mathrm{d}A$ 放大 n 倍，只要每一面积元素 $\mathrm{d}A$ 的距离 y 不改变，那么，中性轴就没变化。于是，可将实际截面变换为仅由材料1所构成的截面，即上层材料所构成的截面1保持不变，而将截面2沿 z 轴方向的尺寸乘以 n，如图10-3所示。显然，该变换截面的中性轴与实际截面的中性轴重合，对中性轴 z 的惯性矩等于 $\overline{I_z}$，而其弯曲刚度则为 $E_1 \overline{I_z}$。

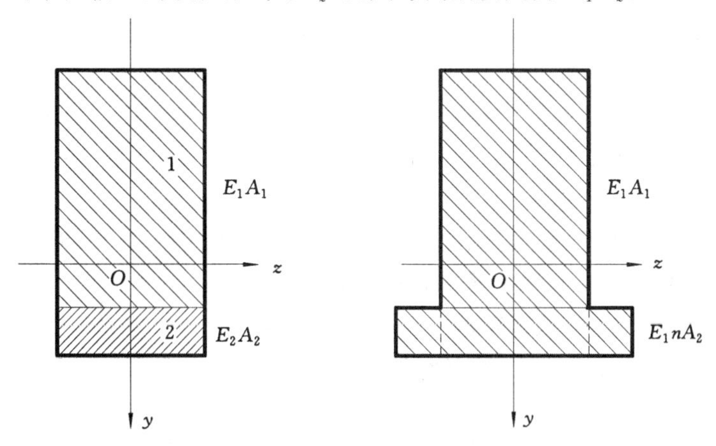

图10-3 两种不同材料组成叠合梁的实际截面及其等效横截图

由于本实验采用的叠合梁上、下两层为横截面相同的矩形梁，若沿截面对称轴和几何形心轴分别建立 y 轴和 z 轴(图10-1)，并以上层材料作为基本材料，而将下层材料的截面进行变换，可得变换后截面的形心计算公式即叠合梁的形心公式为

$$\bar{y} = \frac{A_1 y_{C1} + A_2 y_{C2} n}{A_1 + A_2 n} \tag{10-10}$$

叠合梁的惯性矩为

$$\overline{I_z} = \frac{1}{12}A_1h_1^2 + A_1a_1^2 + \frac{1}{12}nA_2h_2^2 + nA_2a_2^2 \tag{10-11}$$

上、下层截面的弯曲正应力分别为

$$\sigma_1 = \frac{My_1}{\overline{I_z}};\quad \sigma_2 = n\frac{My_2}{\overline{I_z}} \tag{10-12}$$

式中 A_1, A_2—— 叠合梁上、下层的横截面面积；

y_{C1}, y_{C2}—— 叠合梁上、下层截面的形心位置；

h_1, h_2—— 叠合梁上、下层截面高度；

a_1, a_2—— 叠合梁上、下层截面形心到叠合梁形心的距离；

y_1, y_2—— 叠合梁上、下层计算应力处截面离叠合梁形心的距离。

2.10.4 实验步骤

1. 任选一套叠合梁

本实验所使用的铜为弹性模量 $E = 100\text{GPa}$ 的黄铜；所用钢材为 45 号钢，弹性模量 $E = 210\text{GPa}$；铝为弹性模量 $E = 70\text{GPa}$ 的铝合金。

2. 记录叠合梁的截面尺寸

宽度 $b = 20\text{mm}$，高度 $h = 40\text{mm}$，跨度 $L = 620\text{mm}$，加载点到支座距离 $a = 150\text{mm}$。

3. 应变仪准备

(1) 接通 DH3818-2 静态电阻应变仪电源，仪器面板上显示屏点亮（由于本次实验测量点超过 10 点，故采用 20 测点的应变仪）。

(2) 应变片导线连接，试验采用半桥（公共补偿）的连接方式。每套叠梁上有 12 个测量应变片，其中，上、下两层各 6 片，因为上下两层是不同材料构成的，所以，2 个温度补偿片粘贴在两种不同的材料上。试验时将 1—6 测点应变片的导线依次接入上排 1—6 的 A，B 接线柱上，与测点同材料的温度补偿片接在上排左侧的补偿接线柱上；7—12 测点应变片的导线依次接入下排 11—16 的 A，B 接线柱上，与测点同材料的温度补偿片接在下排的左侧补偿接线柱上。

(3) 调整应变片灵敏系数，对所有测点设置相同的灵敏系数时，按“0”→“确认”→“设置”→ 输入灵敏系数 →“确认”（小数点自动默认）。

(4) 电桥平衡，先将测力仪载荷调整至零，再调整电桥平衡。对所有点进行平衡时按“0”→“确认”→“平衡”，应变仪会自动平衡各测点。

4. 加载测量

本实验采用转动手轮加载的方法，载荷大小由与载荷传感器相连接的测力仪显示。每增加载荷增量 ΔP，通过 2 根加载拉杆，使得叠合梁距两端支座各为 a 处分别增加作用力 $\frac{\Delta P}{2}$。缓慢转动手轮均匀加载，每增加一级载荷，记录 1 次叠合梁横截面上各测点的应变读数 1 次，测量时按测点号 →“确认”，显示的即为该测点的应变值，相同方法测量其余各测点。观察各次的应变增量是否基本相同。然后，再重复加载从零至最终载荷 2 次，最后，取 3 次最终载荷所测得的各点的应变平均值计算叠合梁上、下层各点的实测应力。

附　录

附录 A　主要符号、名称与单位表

符号	名称	单位
L_0	试样原始标距	mm
L_C	试样中部平行长度	mm
L_1	试样断后标距	mm
d_0	圆形试样原始直径	mm
d_1	圆形试样断后最小直径	mm
S_0	圆形试样原始横截面面积	mm^2
S_1	圆形试样断后最小横截面面积	mm^2
δ	断后伸长率	%
ψ	断面收缩率	%
F_s	屈服载荷	kN
σ_s	屈服强度	MPa
F_{su}	上屈服载荷	kN
σ_{su}	上屈服强度	MPa
F_{sL}	下屈服载荷	kN
σ_{sL}	下屈服强度	MPa
F_b	最大载荷	kN
σ_b	抗拉强度	MPa
σ_{bc}	抗压强度	MPa
E	弹性模量	MPa
G	切变模量	MPa
T_s	屈服扭矩	N·m
τ_s	剪切屈服极限	MPa
T_{sL}	下屈服扭矩	N·m
τ_{sL}	剪切下屈服极限	MPa
T_b	最大扭矩	N·m
τ_b	剪切强度极限	MPa
W	抗弯截面系数	mm^3
W_t	抗扭截面系数	mm^3
M	弯矩	N·m

M_t	扭矩	N·m
I_z	惯性矩	mm^4
K	冲击吸收能量	J
μ	泊松比、长度系数	—

附录B　主要引用的国家标准

GB/T228.1—2010	《金属材料拉伸试验》第1部分:室温试验方法(新标准)
GB228—1987	《金属拉伸试验方法》(旧标准)
GB/T7314—2005	《金属材料室温压缩试验方法》
GB/T10128—2007	《金属材料室温扭转试验方法》
GB/T229—2007	《金属材料夏比摆锤冲击试验方法》
GB/T3075—2008	《金属材料疲劳试验轴向力控制方法》
GB/T4337—2008	《金属材料疲劳试验旋转弯曲方法》
GB/T10623—2008	《金属材料力学性能试验术语》
GB/T8170—2008	《数值修约规则与极限数值的表示和判定》

附录C 数值修约规则

GB/T 8170—2008《数值修约规则与极限数值的表示和判定》对数值修约作了一定的规定，其中数值进舍规则可概括为“四舍六入五考虑，五后非零应进一，五后皆零视奇偶，五前为偶应舍去，五前为奇则进一”。具体说明如下：

(1) 在拟舍弃的数字中，若左边第一个数字小于5(不包括5)时，则舍去，即所拟保留的末位数字不变。

(2) 在拟舍弃的数字中，若左边第一个数字大于5(不包括5)时，则进1，即所拟保留的末位数字加1。

(3) 在拟舍弃的数字中，若左边第一个数字等于5，其右边的数字并非全部为零时，则进1，即所拟保留的末位数字加1。

(4) 在拟舍弃的数字中，若左边第一个数字等于5，其右边无数字或数字皆为零时，所拟保留的末位数字若为奇数则进1，若为偶数(包括0)则舍弃。

(5) 所拟舍弃的数字若为两位数字以上时，不得连续进行多次修约，应根据所拟舍弃数字中左边第一个数字的大小，按上述规则一次修约出结果。

附录 D　新旧标准力学性能符号、名称对照表

旧标准			新标准		
符号	名称	单位	符号	名称	单位
F_{su}	上屈服载荷	kN	F_{eH}	上屈服载荷	kN
σ_{su}	上屈服强度	MPa	R_{eH}	上屈服强度	MPa
F_{sL}	下屈服载荷	kN	F_{eL}	下屈服载荷	kN
σ_{sL}	下屈服强度	MPa	R_{eL}	下屈服强度	MPa
F_{b}	最大载荷	kN	F_{m}	最大力	kN
σ_{b}	抗拉强度	MPa	R_{m}	抗拉强度	MPa
δ	断后伸长率	%	A	断后伸长率	%
ψ	断面收缩率	%	Z	断面收缩率	%
σ_{suc}	压缩上屈服强度	MPa	R_{eHc}	压缩上屈服强度	MPa
σ_{sLc}	压缩下屈服强度	MPa	R_{eLc}	压缩下屈服强度	MPa
σ_{bc}	抗压强度	MPa	R_{mc}	抗压强度	MPa
T_{su}	上屈服扭矩	N · m	T_{eH}	上屈服扭矩	N · m
τ_{su}	剪切上屈服强度	MPa	τ_{eH}	剪切上屈服强度	MPa
T_{sL}	下屈服扭矩	N · m	T_{eL}	下屈服扭矩	N · m
τ_{sL}	剪切下屈服强度	MPa	τ_{eL}	剪切下屈服强度	MPa
T_{b}	最大扭矩	N · m	T_{m}	最大扭矩	N · m
τ_{b}	抗扭强度	MPa	τ_{m}	抗扭强度	MPa
A_{k}	冲击吸收功	J	K	冲击吸收能量	J

附录E　DH3818-2静态电阻应变仪简介

DH3818-2静态电阻应变仪可自动、准确、可靠地测量构件材料的应变(应力)。广泛应用于机械制造、土木工程、桥梁建设、航空航天、国防工业、交通运输等领域。若配接适当的应变式传感器，也可对多点静态的力、压力、扭矩、位移、温度等物理量进行测量。

E.1　DH3818-2的特点

1. 手控状态时,数码管显示测量通道和应变值,且可通过功能键设置显示通道、修正灵敏系数及平衡操作;

2. 程控状态时,通过与电脑连接,能实现文件管理、参数设置、平衡操作、采样控制、数据查询、打印控制等功能;

3. 电桥桥路可设置自动平衡;

4. 内置120Ω标准电阻，1/4桥(公用补偿)、半桥、全桥连接方便。

E.2　技术指标

1. 测量点数为10(20)点,每台计算机最多可连接16台应变仪;

2. 程控状态下采样速率:10测点/秒;

3. 测试应变范围:±19999$\mu\varepsilon$;

4. 分辨率:1$\mu\varepsilon$;

5. 自动平衡范围:±15000$\mu\varepsilon$。

E.3　应变仪的面板功能(面板图如图E-1所示)

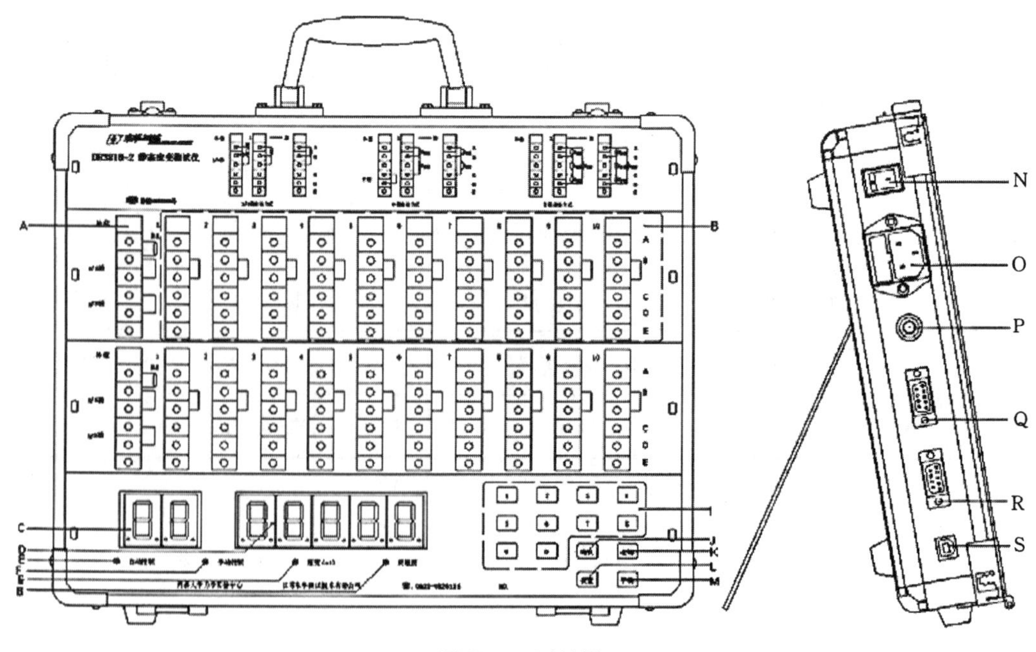

图E-1　面板图

A—— 补偿应变片接线端子。

B—— 测量应变片接线端子。

C—— 通道号显示屏。

D—— 应变及设置灵敏度系数的显示屏。

E—— 自动控制指示。

F—— 手动控制指示。

G—— 应变指示。

H—— 灵敏度指示。

I—— 数字键，用于切换测点和设置灵敏度。

J—— 确认键，按此键，则确认通道号或灵敏度，确认通道号时，当通道号数值大于 20，则数码管闪烁，通道号不能被确定，此时可按退格键更改数值；确认灵敏度时，按此键则将灵敏度显示切换为应变量显示。

K—— 退格键，按此键则闪烁的数码管显示值退后一位，此键在修改通道号和灵敏度时有效。

L—— 设置键，按此键将应变显示切换为灵敏度显示，此时可按数字键来更改灵敏度。

M—— 平衡键，此键在通道号和灵敏度已确定时有效。如测点为非零，按此键则平衡 C 所显示的通道；如测点为零，按此键则平衡所有测点。

N—— 仪器电源开关。

O—— 交流 220V 电源输入插座，带保险丝座，内嵌 0.3A 保险丝。

P—— 接地端子。

Q——R. RS485 扩展通讯接口，两个接口完全一样，可互换。采用通讯扩展线可将多台仪器联结，1 台计算机最多可控制 16 台应变仪。

S——USB 通讯接口，与计算机通讯用。

E.4 操作流程

若对个别点进行灵敏系数设置时按“测点号”→“确认”→“设置”→输入灵敏系数→“确认”。由于键盘没有小数点，小数点是默认的如 2.05 只要输入 205 即可。若对所有点进行相同设置时按“0”→“确认”→“设置”→输入灵敏系数→“确认”。

E.5 操作测量

1. 接线方法：1/4 桥、半桥和全桥接线方式见应变仪面板上部接线图；
2. 电桥平衡：接通电源开机后应变仪会自动平衡一次；
3. 测量：按“测点号”→“确认”，则显示对应测点的应变值。

附录F　YJR-5A型静态电阻应变仪简介

YJR-5A型静态电阻应变仪由4位半LED数字发光管显示应变，直流桥压供电，采用高稳定性的直流放大电路，既可以使用交流电，也可以使用24V直流电。具有体积小、重量轻、操作方便等优点。

F.1　应变仪的特点

YJR-5A型静态应变仪由电源开关、标定开关及其幅调电位器、数字显示表、10通道的选择开关及相应的平衡电位器等几部分组成。其前面板布置如图F-1所示，

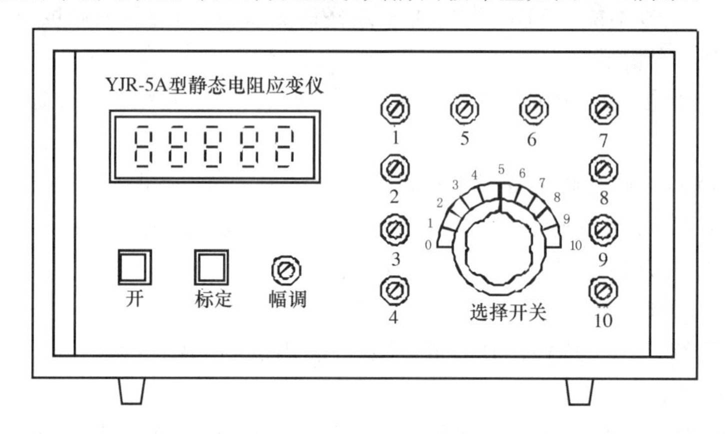

图F-1　YJR-5A型应变仪前面板布置

图F-2为应变仪后面板布置图，左侧有10组A,B,C,D接线柱，因此最多可组成10个电桥，供10个测点连接。当测点超过10个时，可通过后板中间连接口外接平衡箱。后面板右侧有两个电源引入端，可引入220V的交流电源或24V的直流电源。后板D_1，D_2，D_3上的连接片接入时，可作半桥测量，这时机内电阻—两个120Ω的精密无感线绕电阻自行接入惠斯顿

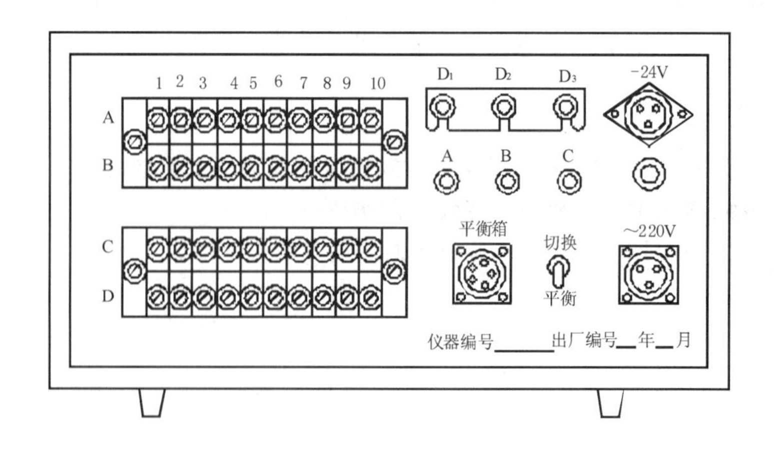

图F-2　YJR-5A型应变仪后面板布置

电桥的3,4臂,作为R_3,R_4。这时,如果将仪器附件标准电阻接入下面的接线柱A,B,C上,即为R_1,R_2,成半桥测量,注意将后面板上的平衡转换开关打在平衡位置,同时,注意检查此时后板左侧多点接线板上不应接入任何应变片和电阻。按入电源开关,这时可检查和调试仪器。正式测量时,拆除A,B,C柱上的标准电阻,将各测量应变片R_1和温度补偿片R_2分别依次接入A,B柱之间和B,C柱之间即可。

当采用全桥测量时,桥路中R_1,R_2,R_3,R_4都是测量应变片,这时需拆除D_1,D_2,D_3上的连接片,将R_1,R_2,R_3,R_4依次分别接入A,B柱之间,B,C柱之间,C,D柱之间和D,A柱之间即可。

F.2 YJR-5A型应变仪的技术指标

1. 应变测量范围:0 ~± 19999$\mu\varepsilon$。
2. 分辨率:1$\mu\varepsilon$。
3. 基本误差:≤测量值的±0.2%或±2个字。
4. 零点漂移:2小时内<±2个字。
5. 电阻平衡范围:±0.6Ω。
6. 供桥电压:直流2.5V。
7. 转换稳定时间:2s。
8. 测量点数:主机10点(可扩展)。

F.3 应变仪平衡(零点)的调整

测量时由于各桥臂应变片初始值不相等,电桥不平衡,必须对每一测点调整平衡,将前面板选择开关拨至已接线的通道,例如通道"1",这时指示表显示的数字就是电桥不平衡的分量,调节前面板相应的平衡电位器"1",使数字表显示为"0",表示通道"1"已调整平衡。依次拨动选择开关并按同样方法平衡其他各通道。

F.4 应变仪灵敏系数的设置

由于YJR-5A型静态电阻应变仪是按灵敏系数$K=2$设置的,当使用的电阻应变片$K\neq 2$时,必须在测量之前调节好与灵敏系数K相对应的标定系数。方法为:按下标定开关,将选择开关置于已经平衡的任一通道,此时,显示读数为5000,调节幅调电位器,使表头显示的数字为$5000\times\dfrac{2}{K}$,其中5000为$K=2$时仪器设计的标定系数,K为应变片的灵敏系数值。调整完毕,将标定开关退出。

F.5 应变仪的操作测量

1. 接线成桥。根据构件受力和应变片布置情况,定好接桥方式,接入应变仪桥路接口。

2. 预调平衡。加载前,用螺丝刀调节平衡电位器,使桥路平衡,显示为零。同时根据应变片的灵敏系数K,调整相应的标定系数。多桥路测量时,用选点旋钮,依次接入各桥路,分别调节桥路的同编号平衡电位器，使该桥路平衡，显示为零。

3. 加载后测量。加载后，产生应变，电桥失去平衡，输出相应电压。显示值即为某测点的应变读数值。同样方法，使用选点旋钮，依次接入其他各桥路，即可把各测点分别读完。

实验报告

Ⅰ　拉伸与压缩实验报告

年级专业____________姓名____________学号____________

一、实验日期____________年________月________日

二、实验设备

试验机名称______________________________

量具名称____________________最小分度值______________ mm

三、试样原始尺寸记录

1. 拉伸试样

材　料	原始标距 L_0/mm	直　径　d_0/mm									最小横截面积 S_0/mm^2
		截面 Ⅰ			截面 Ⅱ			截面 Ⅲ			
		(1)	(2)	平均	(1)	(2)	平均	(1)	(2)	平均	
低碳钢											
铸　铁											

2. 压缩试样

材　料	长度 L/mm	直　径　d_0/mm			横截面积 S_0/mm^2
		(1)	(2)	平均	
低碳钢					
铸　铁					

四、实验数据

1. 拉伸实验

材　料	弹性模量 E/MPa	屈服载荷 F_{sL}/kN	最大载荷 F_b/kN	断后标距 L_1/mm	断裂处最小直径 d_1/mm		
					(1)	(2)	平均
低碳钢							
铸　铁	——	——			——	——	——

2. 压缩实验

材　料	屈服载荷 F_{sc}/kN	最大载荷 F_{bc}/kN
低碳钢		——
铸　铁	——	

五、作图(定性画,适当注意比例,特征点要清楚并作必要的说明)

试验方式	材料	F-ΔL 曲线	断口形状和特征(用图形和文字描述)
拉伸	低碳钢		
	铸铁		
压缩	低碳钢		
	铸铁		

六、材料拉伸、压缩时力学性能计算

项　目	低　碳　钢		铸　　铁	
	计算公式	计算结果	计算公式	计算结果
屈服强度 σ_{sL}/MPa			—	—
抗拉强度 σ_b/MPa				
断后伸长率 δ_5/%				
断面收缩率 ψ/%			—	—
压缩屈服强度 σ_{sc}/MPa			—	—
抗压强度 σ_{bc}/MPa	—	—		

七、问题讨论

根据实验结果，选择下列括号中的正确答案：

1. 铸铁拉伸受(拉、剪) 应力破坏；
2. 铸铁压缩受(剪、压) 应力破坏；
3. 铸铁抗拉能力(大于、小于、等于) 抗压能力；
4. 低碳钢的塑性(大于、小于、等于) 铸铁的塑性。

Ⅱ　扭转破坏实验报告

年级专业＿＿＿＿＿＿姓名＿＿＿＿＿＿学号＿＿＿＿＿＿

一、实验日期＿＿＿＿＿＿年＿＿＿＿月＿＿＿＿日

二、实验设备

试验机名称＿＿＿＿＿＿＿＿＿＿＿＿＿＿

量具名称＿＿＿＿＿＿＿＿＿最小分度值＿＿＿＿＿＿ mm

三、试样尺寸记录

材　料	直　径　d_0 /mm									抗扭截面系数 W_t/mm^3
	截面 Ⅰ			截面 Ⅱ			截面 Ⅲ			
	(1)	(2)	平均	(1)	(2)	平均	(1)	(2)	平均	
低碳钢										
铸　铁										

四、实验数据记录

项　　目	材　　料	
	低　碳　钢	铸　　铁
参加扭转长度 l'/mm		
屈服扭矩 T_{sL}/N·m		——
破坏扭矩 T_b/N·m		
破坏时扭转角 ϕ/°		

五、材料扭转力学性能计算

项　目	低　碳　钢		铸　　铁	
	计算公式	计算结果	计算公式	计算结果
剪切屈服极限 τ_{sL}/MPa			——	——
剪切强度极限 τ_b/MPa				
真实剪切屈服极限 τ_{ts}/MPa			——	——
破坏时单位扭角 θ/(°/mm)				

六、作图(定性画,适当注意比例,特征点要清楚并作必要的说明)

材　　料	T-ϕ 曲线	断口形状和特征(用图形和文字描述)
低碳钢		
铸铁		

七、问题讨论

根据实验结果,选择下列括号中的正确答案:

1. 低碳钢受扭时,受(拉、剪、压)应力破坏;
2. 铸铁受扭时,受(拉、剪、压)应力破坏;
3. 低碳钢抗剪能力(大于、小于、等于)抗拉能力;
4. 铸铁抗剪能力(大于、小于、等于)抗拉能力;
5. 低碳钢扭转的塑性(大于、小于、等于)铸铁的塑性。

Ⅲ 剪切弹性模量 G 测定实验报告

年级专业____________姓名__________学号____________

一、实验日期__________年__________月__________日

二、实验设备

实验仪器名称____________________

应变仪名称____________________

三、有关尺寸记录

试样直径 $d =$ __________ mm

千分表放大灵敏度 $f =$ __________ mm/ 格

传递杆至试样轴线距离 $f =$ __________ mm

试样标距 $l_0 =$ __________ mm 加载力臂长 $H =$ __________ mm

四、实验数据记录

1. 千分表扭角仪测定

载荷 P/N	第一次		第二次		第三次	
	读数 S_i/ 格	读数增量 / 格	读数 S_i/ 格	读数增量 / 格	读数 S_i/ 格	读数增量 / 格
0						
10						
20						
30						
40						
增量平均值$\overline{\Delta S}$(格)						

2. 剪应变片测定(半桥、全桥)

载荷 P/N	第一次		第二次		第三次	
	读数 $\varepsilon_{dsi}/\mu\varepsilon$	读数增量 $/\mu\varepsilon$	读数 $\varepsilon_{dsi}/\mu\varepsilon$	读数增量 $/\mu\varepsilon$	读数 $\varepsilon_{dsi}/\mu\varepsilon$	读数增量 $/\mu\varepsilon$
0						
10						
20						
30						
40						
增量平均值$\overline{\Delta\varepsilon_{ds}}$($\mu\varepsilon$)						

五、剪切弹性模量 G 计算

G 测定方式	G 测定计算公式	G 计算结果 /MPa
千分表扭角仪测定		
切应变片测定		

六、问题讨论

1. 剪切弹性模量 G 与荷载有关吗？

2. 载荷增加时，扭转角与载荷之间有什么关系？

Ⅳ　梁弯曲正应力实验报告

年级专业＿＿＿＿＿＿姓名＿＿＿＿＿学号＿＿＿＿＿＿

一、实验日期＿＿＿＿＿年＿＿＿＿＿月＿＿＿＿＿日

二、实验仪器名称型号＿＿＿＿＿＿＿＿＿＿

　　灵敏系数＿＿＿＿＿＿＿＿＿＿

三、记录表格

1. 试件梁的数据及测点位置

物理量	几何量	测点位置		
		布片图	测点号	坐标 /mm
钢梁的弹性模量： $E=$　　(MPa)	梁宽 $b=$　　mm 梁高 $h=$　　mm 距离 $a=$　　mm 跨度 $L=$　　mm 惯矩 $I_z=$　　mm^4		1	$y_1=$
			2	$y_2=$
			3	$y_3=$
			4	$y_4=$
			5	$y_5=$
			6	$y_6=$
			7	$y_7=$

2. 应变实测记录　　　　测点应变值($\times 10^{-6}$)

次	测点号 / 载荷 /kN	1	2	3	4	5	6	7
Ⅰ	0							
	1.5							
	3.0							
	4.5							
Ⅱ	0							
	4.5							
Ⅲ	0							
	4.5							
三次(4.5kN) 应变平均值 ε								
$\sigma_{实}=E\varepsilon_{实}$(MPa)								

最大载荷 $P_{max}=$ kN

最大弯矩 $M_{max}=\frac{1}{2}P_{max}a=$ (N·m)

四、实验结果的处理

1. 描绘应变分布图

根据应变实测记录表中第1次实验的记录数据，将1.5kN，3.0kN和4.5kN载荷下测得的各点应变值分别绘于图Ⅳ-1方格纸上，并拟合成3条直线。

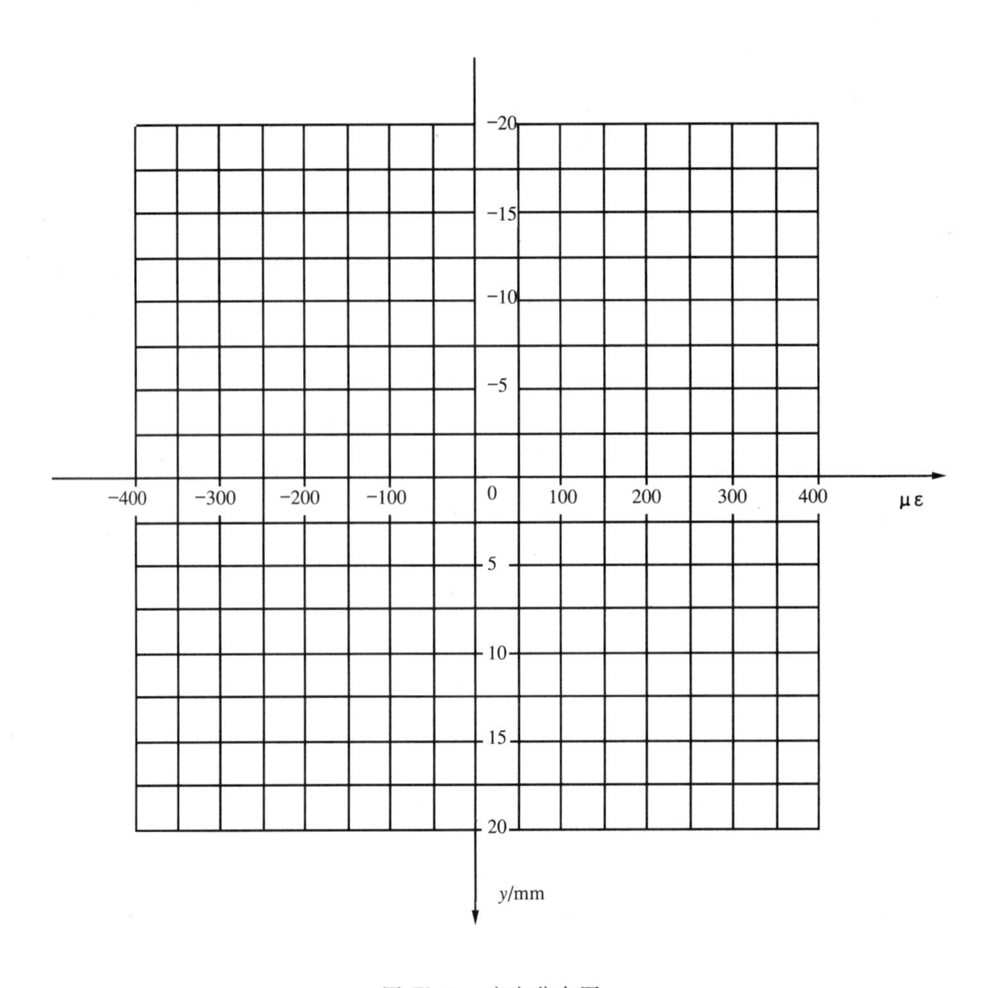

图Ⅳ-1 应变分布图

2. 实测应力分布曲线与理论应力分布曲线的比较

根据应变实测记录表中各点的实测应力值，描绘实测点于图Ⅳ-2方格纸上，并拟合成直线，用实线表示。同时画出理论应力分布线，用虚线表示。

3. 实验值与理论值的误差(表Ⅳ-1)

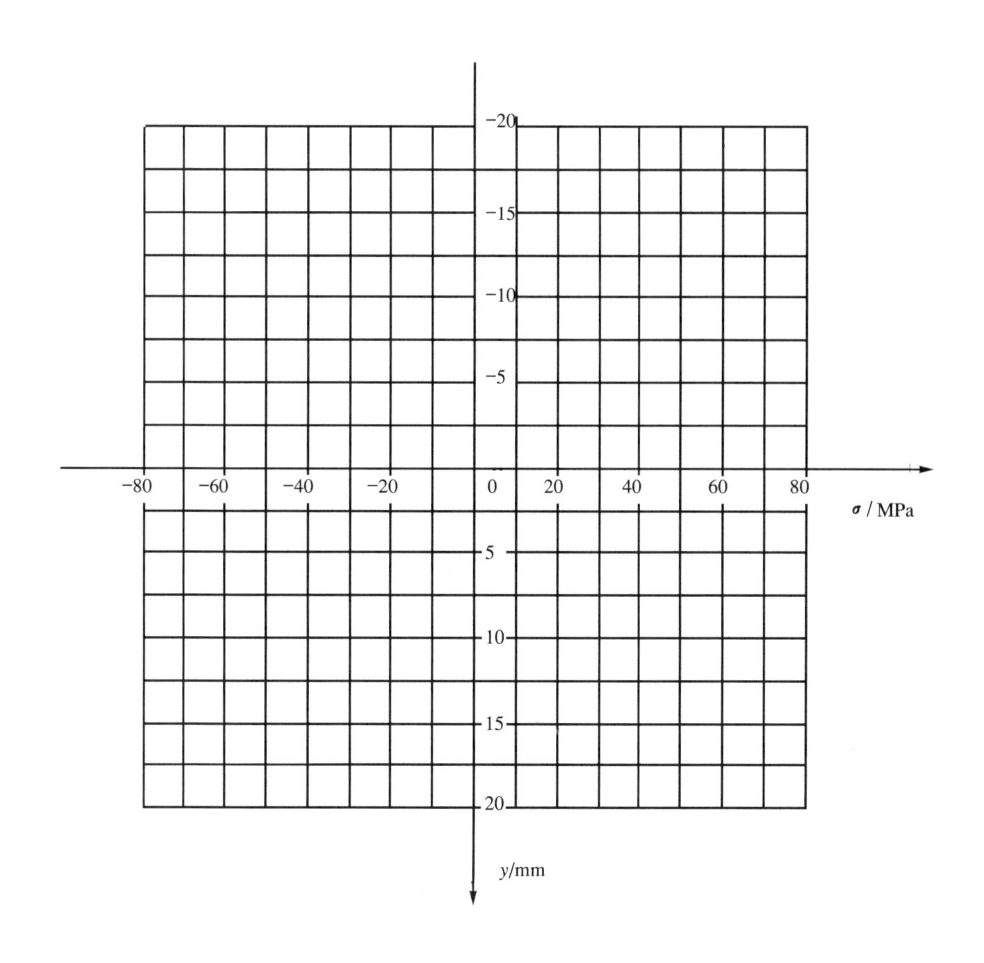

图 Ⅳ-2　应力分布图

表 Ⅳ-1　　　　　　　　　　　实验值与理论值的误差比较

测点号	实验应力值 $\sigma_{实}$ /MPa	理论值 $\sigma_{理}=\frac{My}{I_z}$/MPa	误差 $\left\|\frac{\sigma_{实}-\sigma_{理}}{\sigma_{理}}\right\|\times 100\%$
1			
2			
3			
4			绝对误差：$\sigma_{实}-\sigma_{理}=$
5			
6			
7			

五、问题讨论(根据所绘制的应变分布图试讨论以下问题)

1. 沿梁的截面高度,应变是怎样分布的?应力是怎样分布的?

2. 随载荷逐级增加,应变值按怎样的规律变化?

3. 中性层在横截面上的什么位置?

V　弯曲与扭转组合变形实验报告

年级专业＿＿＿＿＿＿＿＿姓名＿＿＿＿＿＿＿＿学号＿＿＿＿＿＿＿＿

一、实验日期＿＿＿＿＿＿年＿＿＿＿＿＿月＿＿＿＿＿＿日

二、实验仪器名称＿＿＿＿＿＿、＿＿＿＿＿＿

三、试件尺寸

试件计算长度 l/mm	300
加力杆长度 a/mm	200
试件外径 D/mm	40
试件内径 d/mm	34

四、试件材料常数：弹性模量 $E = 7 \times 10^4$ MPa，泊松比 $\mu = 0.33$

五、电阻应变片灵敏系数 $k =$

六、弯曲与扭转组合变形实验数据记录表

弯曲与扭转组合变形实验数据记录表

次序	应变值 /$\mu\varepsilon$ $\times 10^{-6}$ 载荷值 /N	测　点　B						测　点　D					
		ε_{-45°		ε_{0°		ε_{45°		ε_{-45°		ε_{0°		ε_{45°	
		读数	差数	读数	差数	读数	差数	读数	差数	读数	差数	读数	差数
Ⅰ	0												
	150												
	300												
	450												
Ⅱ	0												
	450												
Ⅲ	0												
	450												
三次载荷(0 ～ 450N)的应变平均值													

注：差数为各载荷级别的应变读数($\mu\varepsilon$)与零载荷时的应变读数($\mu\varepsilon$)之差。

七、计算

1. 写出计算公式

理论计算	应力分量	$\sigma_x = \sigma_w =$	B 点 $\sigma_w =$ D 点 $\sigma_w =$
		$\tau_{xy} = \tau_T$	B 点 $\tau_T =$ D 点 $\tau_T =$
	主应力	$\sigma_1 =$ $\sigma_3 =$	
	主方向	$\alpha_0 =$	
实测计算	主应变	$\varepsilon_1 =$ $\varepsilon_3 =$	
	主应力	$\sigma_1 =$ $\sigma_3 =$	
	主方向	$\alpha_0 =$	

2. 计算结果比较

内　　容	测　点	理 论 值	实 测 值	测　点	理 论 值	实 测 值
主应力 σ_1/MPa	B			D		
主应力 σ_3/MPa						
主方向 α_0/°						

八、作图

根据实测结果在原始单元体图上画主单元体，并注明主应力的大小和方向。

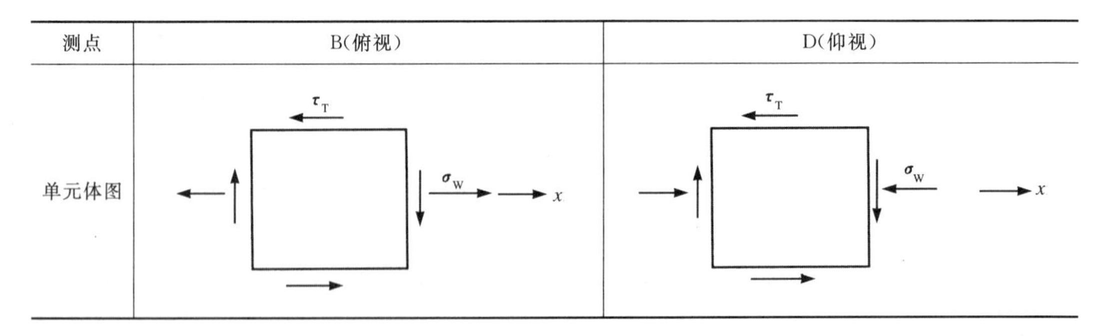

测点	B(俯视)	D(仰视)
单元体图		

Ⅵ　电阻应变片接桥方法实验报告

年级专业____________姓名____________学号____________

一、实验日期__________年__________月__________日

二、实验仪器名称____________________

三、电阻应变片灵敏系数 K ____________________

表 Ⅵ-1　　等强度梁接桥练习

要　求 应变仪读数 ε_{ds}	应变片的连接	实测值
$=\varepsilon_{弯}$ （半桥另补偿）	B A　　C D	$\varepsilon_{ds}=$
$=2\varepsilon_{弯}$ （半桥自补偿）	B A　　C D	$\varepsilon_{ds}=$
$=4\varepsilon_{弯}$ （全桥自补偿）	B A　　C D	$\varepsilon_{ds}=$
泊松比 μ		$\mu=$

表 Ⅵ-2 弯扭组合变形接桥练习

要求 应变仪读数 ε_{ds}	应变片的连接	实测值
$=1\varepsilon_{弯}$	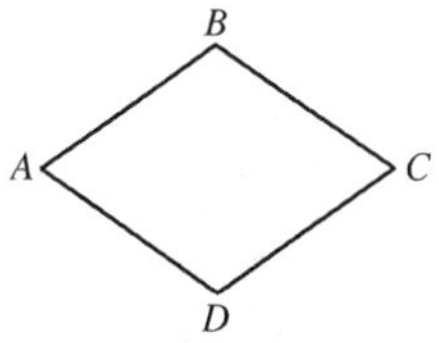 A B C D	$\varepsilon_{ds}=$
$=2\varepsilon_{弯}$	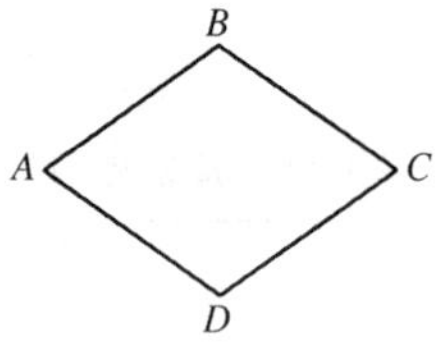 A B C D	$\varepsilon_{ds}=$
$=2\varepsilon_{扭}$	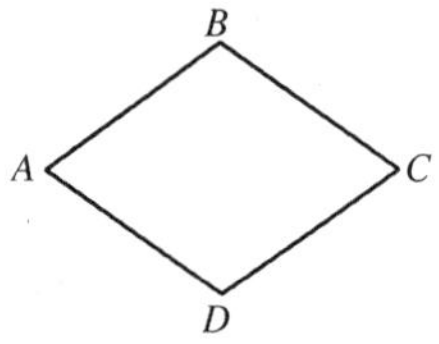 A B C D	$\varepsilon_{ds}=$
$=4\varepsilon_{扭}$	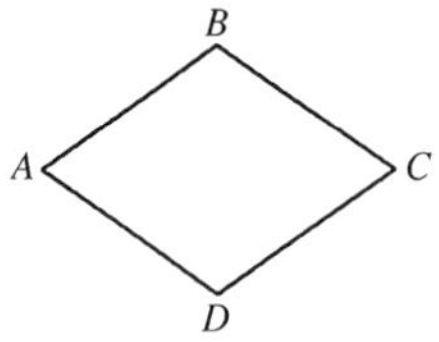 A B C D	$\varepsilon_{ds}=$
弯矩引起的正应变	理论值 $\varepsilon_{w}=$	实测值 $\varepsilon_{w}=$
扭矩引起的剪应变	理论值 $\gamma=$	实测值 $\gamma=$

Ⅶ　压杆稳定实验报告

年级专业__________姓名__________学号__________

一、实验日期________年________月________日

二、试件尺寸记录

厚度 $t = 3.50$mm	宽度 $b = 20.00$mm	长度 $L = 345$mm	$E = 2.10 \times 10^5$ MPa

三、实验数据记录

荷载值 P/N	应变仪读数 /$\mu\varepsilon$	读数差 /$\mu\varepsilon$	备　注
0			
300			
600			
900			
1000			
1050			
1100			
1150			
:			
:			
:			

注：读数差为各载荷级别的应变读数($\mu\varepsilon$)与零载荷时的应变读数($\mu\varepsilon$)之差。

四、实验结果处理

实验测得的临界力 $P_{cr实}$ =

理论算得的临界力 $P_{cr理}=\dfrac{\pi^2 EI_{min}}{(\mu L)^2}=$ N

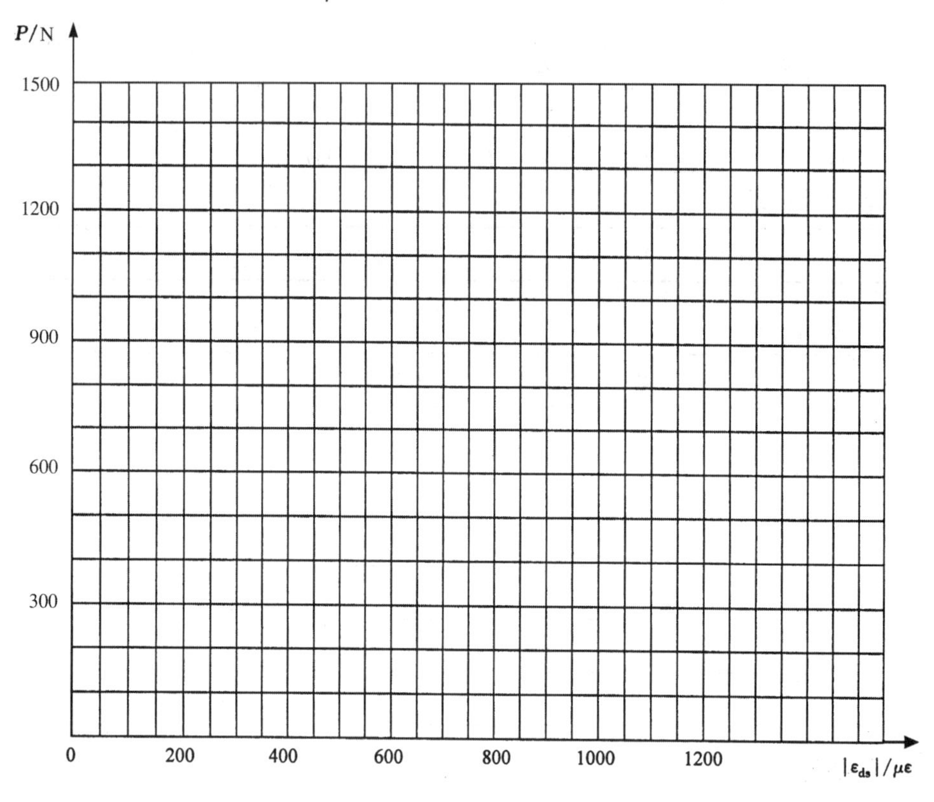

图 7-5 P-ε_{ds} 曲线图

实验值与理论值的比较：

误差百分率 $\dfrac{P_{cr理}-P_{cr实}}{P_{cr理}}\times 100\%=$ %

五、问题讨论

1. 两端铰支的中心压杆在压力小于临界力时，为什么也有侧向挠度？

2. 从实测所得的 P-ε_{ds} 图中可以看到，二者的关系是非线性的，问杆内的应力是否还属于弹性范围？

Ⅷ 叠合梁的纯弯曲实验报告

年级专业__________姓名__________学号__________

一、实验日期________年________月________日

二、实验仪器名称型号____________________

灵敏系数________________

三、记录表格

1. 试件梁的数据及测点位置

<table>
<tr><th rowspan="2">物理量</th><th rowspan="2">几何量</th><th colspan="3">测点位置</th></tr>
<tr><th>布片图</th><th>测点号</th><th>坐标 /mm</th></tr>
<tr><td rowspan="12">上层梁的弹性模量：
$E_1 =$ (MPa)

下层梁的弹性模量：
$E_2 =$ (MPa)</td><td rowspan="12">梁宽 $b =$ mm
梁高 $h =$ mm
距离 $a =$ mm
跨度 $L =$ mm
叠合梁惯性矩
$\overline{I_z} =$ mm^4</td><td rowspan="12"></td><td>1</td><td>$y_1 =$</td></tr>
<tr><td>2</td><td>$y_2 =$</td></tr>
<tr><td>3</td><td>$y_3 =$</td></tr>
<tr><td>4</td><td>$y_4 =$</td></tr>
<tr><td>5</td><td>$y_5 =$</td></tr>
<tr><td>6</td><td>$y_6 =$</td></tr>
<tr><td>7</td><td>$y_7 =$</td></tr>
<tr><td>8</td><td>$y_8 =$</td></tr>
<tr><td>9</td><td>$y_9 =$</td></tr>
<tr><td>10</td><td>$y_{10} =$</td></tr>
<tr><td>11</td><td>$y_{11} =$</td></tr>
<tr><td>12</td><td>$y_{12} =$</td></tr>
</table>

2. 应变实测记录　　　　测点应变值($\times 10^{-6}$)

次	测点载荷 /kN	1	2	3	4	5	6	7	8	9	10	11	12
Ⅰ	0												
	0.5												
	1.0												
	1.5												
Ⅱ	0												
	1.5												
Ⅲ	0												
	1.5												
3次应变平均值 ε													
$\sigma_{实} = E\varepsilon_{实}$ /MPa													

最大载荷 $P_{max}=$ kN

最大弯矩 $M_{max}=\frac{1}{2}P_{max}a=$ （N·m）

四、实验结果的处理

1．描绘应变分布图

根据应变实测记录表中第1次实验的记录数据，将各分级载荷下测得的各点应变值，按不同梁分别绘于图Ⅷ-1方格纸上，同时作直线于图Ⅷ-1中。

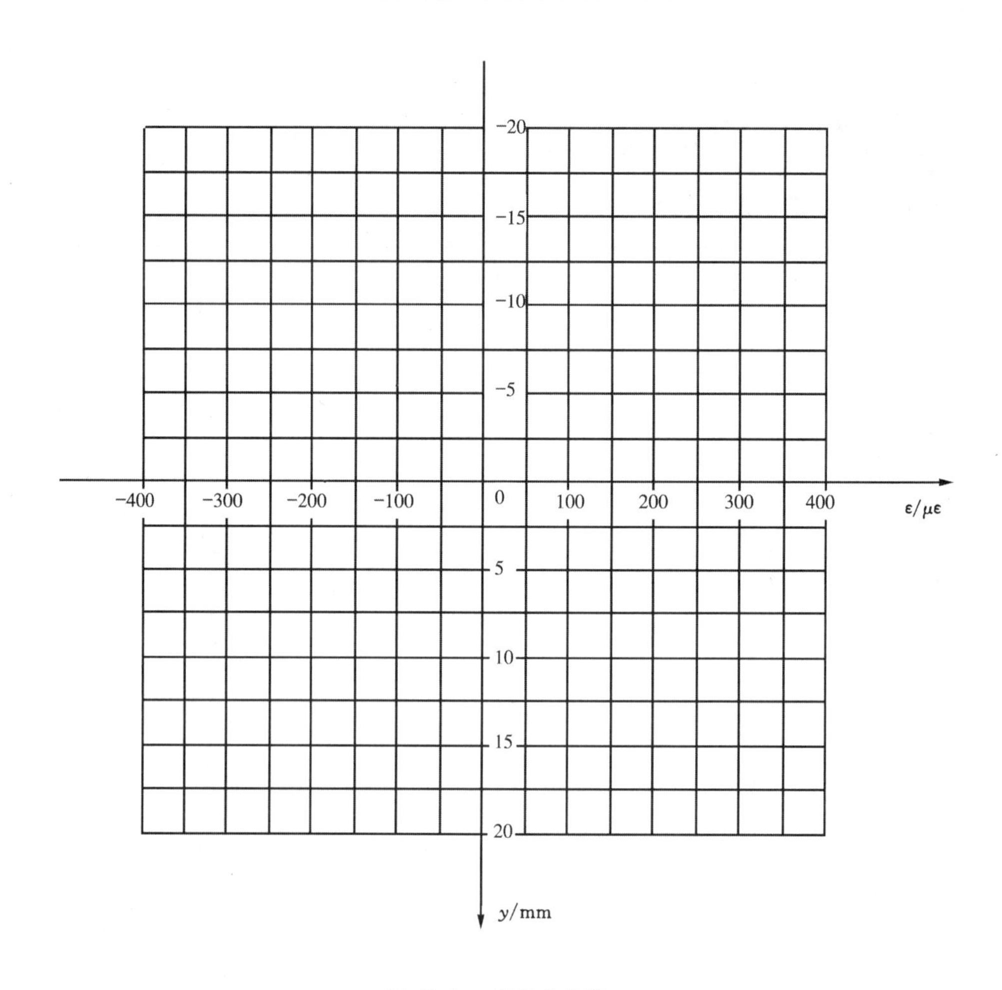

图Ⅷ-1　应变分布图

2．实测应力分布曲线与理论应力分布曲线的比较

根据应变实测记录表中各点最终载荷下的实测应力值，描绘实测点于图Ⅷ-2方格纸上（注意：不同材料E数值也不同），并作直线（画实线）于图Ⅷ-2中。同时画出理论应力分布直线（画虚线）。

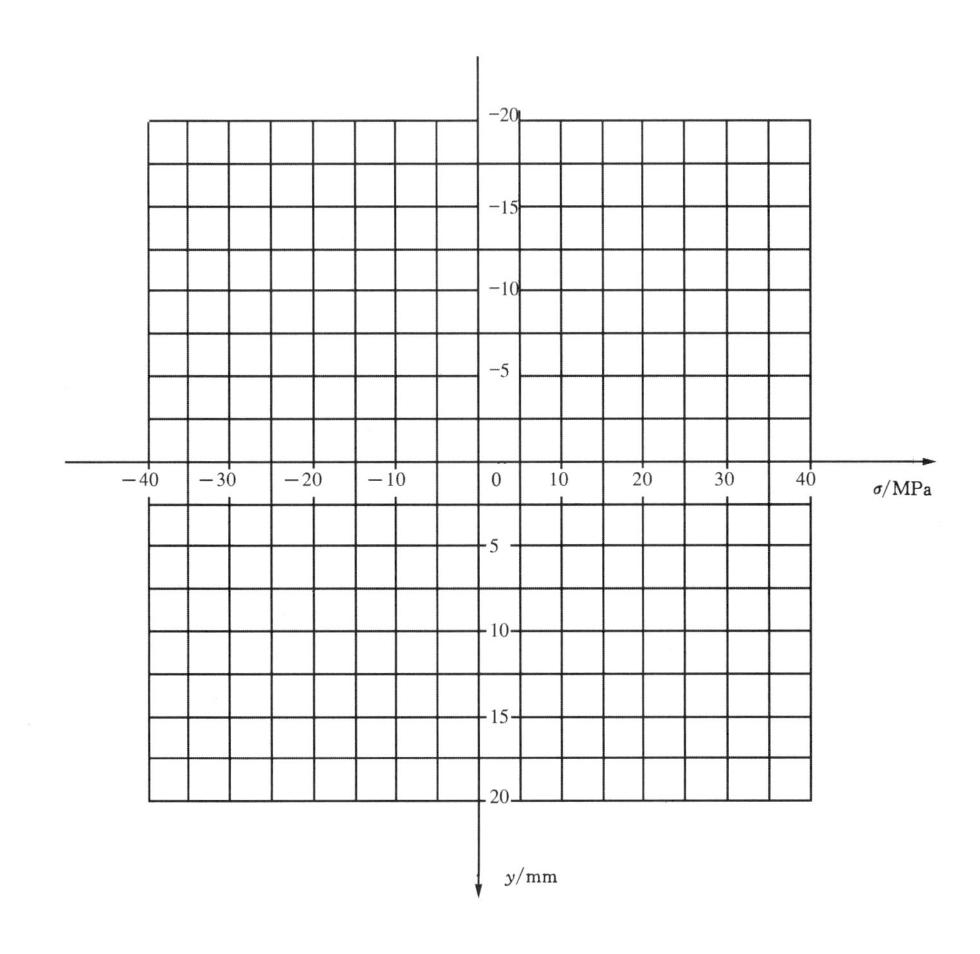

图 Ⅷ-2　应力分布图

五、问题讨论

1. 沿不同材料叠合梁的截面高度,应变是怎样分布的?

2. 随载荷逐级增加,应变分布按怎样的规律变化,对应的应力分布按怎样规律变化?

3. 叠合梁的中性层在横截面上的什么位置,是否有一定的规律?

参考文献

[1] 贾有权.材料力学实验[M].北京:高等教育出版社,1984.

[2] 顾志荣,吴永生.材料力学实验[M].上海:同济大学出版社,1989.

[3] 赵清澄,石沉.实验应力分析[M].北京:科学出版社,1987.

[4] 国家标准化管理委员会.中华人民共和国国家标准(GB/T 228.1—2010,GB/T 7314—2005,GB/T 10128—2007,TB/T 229—2007,GB/T 3075—2008,GB/T 4337—2008 等).北京:中国标准出版社.

[5] Timoshenko S, Gere J. Mechanics of materials[M].北京:科学出版社,1972.